Yalçın Boztoprak
Atilla Güngör

Hibrid Kaplamalarla Polikarbonatların Yüzey Özelliklerinin Geliştirilmesi

Yalçın Boztoprak
Atilla Güngör

Hibrid Kaplamalarla Polikarbonatların Yüzey Özelliklerinin Geliştirilmesi

Türkiye Alim Kitapları

Impressum / Yayınevi adı
Bibliografische Information der Deutschen Nationalbibliothek: Die Deutsche Nationalbibliothek verzeichnet diese Publikation in der Deutschen Nationalbibliografie; detaillierte bibliografische Daten sind im Internet über http://dnb.d-nb.de abrufbar.

Deutsche Nationalbibliothek tarafından yayınlanan bibliyografik bilgiler: Deutsche Nationalbibliothek, bu yayını Deutsche Nationalbibliografie'de listeler; detaylı bibliyografik bilgi İnternet'te http://dnb.d-nb.de sitesinde mevcuttur.

Coverbild / Kitap kapağı resmi: www.ingimage.com

Verlag / Yayıncı:
Türkiye Alim Kitapları
ist ein Imprint der / yayınevinin bir ticari markasıdır
OmniScriptum GmbH & Co. KG
Heinrich-Böcking-Str. 6-8, 66121 Saarbrücken, Deutschland / Almanya
Email / E-posta: info@turkiye-alim-kitaplary.com

Herstellung: siehe letzte Seite /
Basım yeri: son sayfaya bakın
ISBN: 978-3-639-67148-3

Zugl. / Approved by: İstanbul, Marmara Üniversitesi, 2009

İÇİNDEKİLER

SAYFA NO

İÇİNDEKİLER 1
ÖZET 5
ABSTRACT 6
YENİLİK BEYANI 7
SEMBOLLER 8
KISALTMALAR 9
ŞEKİL LİSTESİ 10
TABLO LİSTESİ 12
BÖLÜM I **13**
GİRİŞ ve AMAÇ 13
I.I. GİRİŞ 13
I.2. AMAÇ 14
BÖLÜM II **16**
GENEL BİLGİLER 16
II.1. POLİKARBONATLAR 16
II.1.1. Polikarbonatın Sentezi ve Modifikasyonu 17
II.1.2. Polikarbonatın Modifikasyonu 19
II.1.3. Polikarbonatın Özellikleri 21
II.1.3.1. Fiziksel Özellikler 21
II.1.3.2. Mekanik Özellikler 22
II.1.3.3. Isıl Özellikler 23
II.1.3.4. Elektriksel Özellikleri 24
II.1.3.5. Optik Özellikleri 25
II.1.3.6. Yanma Özellikleri 25
II.1.3.7. Kimyasallara Karşı Dayanımı 25
II.1.3.8. Geçirgenlik Özelliği 26
II.1.4. Polikarbonatın Kullanım Alanları 27
II.2. SOL-JEL YÖNTEMİ 29

II.2.1. Sol-Jel Yönteminin Tarihçesi 30
II.2.2. Sol-Jel Yönteminin Genel Özellikleri 30
II.2.3. Sol-Jel Sistemleri 32
II.2.3.1. Kolloidal jellerin oluşturduğu sistemler......................................32
II.2.3.2. Polimerik jellerin oluşturduğu sistemler 32
II.2.4. Sol-Jel Prosesinin Avantaj ve Dezavantajları 35
II.2.5. Sol-Jel Prosesinin Kullanım Alanları 36
II.3. HİBRİD KAPLAMALAR...36
II.3.1. Kimyasal Kompozisyonlarına Göre Hibrid Malzemeler 41
II.3.1.1. İnorganik – Organik Polimerler...41
II.3.1.2. Organik – İnorganik Polimerler...42
II.3.2. Hibrid Kaplamaların Temel Özellikleri 44
II.3.2.1. Gözeneklilik ve Yoğunluk 45
II.3.2.2. Çekme Oranı..45
II.3.2.3. Optik Özellikler 46
II.3.2.4. Yüzey Özellikleri ve Polarite 46
II.3.2.5. Elektrik ve Dielektrik Özellikleri 46
II.3.2.6. Young Modülü ve Termal Genleşme Katsayısı 46
II.3.2.7. Aşınmaya Karşı Dayanıklılık 47
II.3.2.8. Gaz Geçişine Engel Olma (Bariyer) Özellikleri.........................47
II.3.3. Hibrid Malzemelerin Avantajları 48
II.3.4. Hibrid Malzemelerin Kullanım Alanları.......................................48
II.4.1. Serbest Radikal Polimerizasyonu 50
II.4.1.1. Başlama Reaksiyonu..50
II.4.1.2. Çoğalma Reaksiyonu 50
II.4.1.3. Sonlanma Reaksiyonu..51
II.5. UV IŞINLARI İLE HAZIRLANAN KAPLAMALAR 52
II.5.1. UV Lambaları...56
II.5.2. UV Işınlarıyla Hazırlanan Sistemlerin Bileşenleri 57
II.5.2.1. Reaktif Oligomerler 58
II.5.2.2. Reaktif Çözücüler 60
II.5.2.3. Fotobaşlatıcılar 60
II.5.3. UV Işınlarıyla Hazırlanan Kaplamaların Avantajları 61

II.5.4. UV Işınlarıyla Hazırlanan Kaplamaların Sorunları 62
II.5.5. UV Işınlarıyla Hazırlanan Kaplamaların Kullanım Alanları 63
II.5.6. UV Kaplamaların Geleceği 65
II.6. KORUYUCU KAPLAMALARIN KARAKTERİZASYONU 66
II.6.1. Kaplama Öncesi Yüzeye Uygulanan Korona İşlemi 66
2.6.1.1. Korona Yöntemi 66
II.6.2. Kaplamalara Uygulanan Testler 67
II.6.2.1. Kaplanmış Yüzeylerde Yapılan Testler 68
II.6.2.2. Serbest Film Üzerinde Yapılan Testler 70
BÖLÜM III 77
DENEYSEL ÇALIŞMALAR 77
III.1. KULLANILAN MALZEMELER 77
III.2. KULLANILAN KİMYASAL MADDELER 77
III.3. KULLANILAN CİHAZ ve ALETLER 80
III.4. DENEYSEL YÖNTEMLER 83
III.4.1. Trimetoksisilan ile Sonlanmış Fotobaşlatıcının Hazırlanması 83
III.4.2. TEOS'un Hidrolizi 83
III.4.3. Polikarbonat Test Levhalarının Yüzeylerinin Korona Edilmesi 83
III.4.4. Hibrid Kaplama Formülasyonlarının Hazırlanması 84
III.4.5. FT-IR Spektroskopisi 84
III.5. UV IŞINLARIYLA SERTLEŞEBİLEN POLİMERİK KAPLAMALARIN HAZIRLANMASI 86
III.5.1. Serbest Filmlerin Hazırlanması 86
III.5.1.1. Serbest Filmlere Uygulanan Testler 86
III.5.2. Kaplanmış Plakaların Hazırlanması 87
III.5.2.1. Kaplanmış Plakalara Uygulanan Testler 87
BÖLÜM IV 88
SONUÇLAR 88
IV.I. TRİMETOKSİSİLAN ile SONLANMIŞ FOTOBAŞLATICININ KARAKTERİZASYONU 88
IV.2. ÇİFT BAĞLARIN DÖNÜŞÜM ORANININ GERÇEK ZAMANLI IR SPEKTROFOTOMETRE ile İNCELENMESİ 91
IV.3. HAZIRLANAN KAPLAMALARIN KARAKTERİZASYONU 93

IV.3.1. Sarkaç Sertlik Testi 93
IV.3.2. Kalem Sertlik Testi 94
IV.3.3. Yapışma Testi 94
IV.3.4. Metil Etil Keton (MEK) ile Ovma Testi 95
IV.3.5. Kimyasallara Karşı Dayanım Testi 96
IV.3.6. Taber Aşınma Testi 97
IV.3.7. Işık Geçirgenlik Testi 97
IV.4. HAZIRLANAN SERBEST FİLMLERİN KARAKTERİZASYONU 99
IV.4.1. Jel İçeriği 99
IV.4.2. Çekme Deneyi 99
IV.4.3. Termal Gravimetrik Analiz (TGA) 101
IV.4.4. Si-NMR Analizi 103
IV.4.5. TEM Analizi 104
IV.4.6. SEM Analizi 105
BÖLÜM V 108
TARTIŞMA ve DEĞERLENDİRME 108
KAYNAKLAR 109
EKLER 117

ÖZET

POLİKARBONATIN YÜZEY ÖZELLİKLERİNİN IŞIKLA SERTLEŞEBİLEN SOL-JEL YÖNTEMİYLE İYİLEŞTİRİLMESİ

Bu çalışmada herhangi bir bağlama ajanı ilavesine ihtiyaç duymadan organik-inorganik hibrid kaplamalarda iki faz ayrışımı problemini çözmek için yeni bir bifonksiyonel fotobaşlatıcı dizaynı amaçlanmıştır. Bunu başarmak için ilk olarak 1-hidroksisiklohekzil fenil-keton (Irgacure 184) ve 3-izosayanatpropil trimetoksisilan (ICPTMS) arasındaki reaksiyonla yeni bir bifonksiyonel fotobaşlatıcı sentezlenmiştir. Sonrasında iyi dağılmış nano yapılı fazlar elde etmek için ağ formasyonunda ve fotobaşlatma prosesinde başlatıcının özelliklerini araştırmak amacıyla hibrid kaplamalar hazırlanmıştır. Hibrid kaplamalar sertlik, yapışma, aşınma, gerilme gibi çeşitli özellikleri karakterize edilmiştir. Kaplamaların termal ve morfolojik davranışları ayrıca değerlendirilmiştir. Bu yeni fotobaşlatıcı, organik ve inorganik fazlar arasında bağlama ajanı görevi de görmektedir. Yeni bifonksiyonel fotobaşlatıcı ve TEOS ile hazırlanan kaplamalar, hem polikarbonat levhaların aşınma dayanımını hem de polimerik filmlerin sertliğini arttırmıştır.

Mayıs, 2008 **Yalçın BOZTOPRAK**

ABSTRACT

IMPROVEMENT OF SURFACE PROPERTIES OF POLYCARBONATE BY LIGHT CURABLE SOL-GEL METHOD

The present paper focused on to design a new bifunctional initiator that was expected to solve the phase separation problem in organic–inorganic hybrid coatings without the need to add any coupling agent. To achieve this objective, first a new bifunctional photoinitiator was synthesized by the reaction between 1-hydroxy-cyclohexylphenyl-ketone (Irgacure-184) and 3-isocyanatopropyl trimethoxysilane (ICPTMS). Afterwards, the hybrid coatings were prepared to investigate the capability of the initiator in the photoinitiation process and in organic–inorganic network formation. The hybrid coatings were characterized by the analysis of various properties such as hardness, tape adhesion, abrasion, stress-strain. The thermal and morphological behavior of the coating were also evaluated. This new photoinitiator also acts as a coupling agent for inorganic and organic phases. The presence of the new bifunctional photoinitiator and TEOS, increased the abrasion resistance and also improved the hardness of the polymeric films.

May, 2008 **Yalçın BOZTOPRAK**

YENİLİK BEYANI

POLİKARBONATIN YÜZEY ÖZELLİKLERİNİN IŞIKLA SERTLEŞEBİLEN SOL-JEL YÖNTEMİYLE İYİLEŞTİRİLMESİ

Polikarbonatlar yüksek darbe dayanımı ve nem/UV ışınlarına dayanıklılığı, elektriksel yalıtım özellikleri, boyutsal kararlılıkları, yüksek ısıl direnci, optik özellikleri, şeffaf ve kolay steril edilebilir olması gibi üstün özelliklerinden dolayı otomotiv, uzay-havacılık, elektrik ve elektronik endüstrisi, medikal ve gıda sektörü gibi endüstrinin birçok alanında çok yaygın bir şekilde kullanılmaktadır. Fakat polikarbonatlar aşınmaya, çizilmeye ve kimyasallara karşı çok dayanıklı değillerdir. Bu durum endüstrinin bazı alanlarında polikarbonat kullanımını sınırlamaktadır veya polikarbonat ürünlerin kullanım ömrünü azaltmaktadır.

Bu çalışmada yeni çift fonksiyonlu fotobaşlatıcı sentezi yapılarak sol-jel yöntemi ile hazırlanan organik-inorganik hibrid kaplama formülasyonları polikarbonat levhalara uygulandı ve kaplamalar UV ışınlarının etkisiyle sertleştirilerek polikarbonat levhalar aşınmaya, çizilmeye, ısıya ve kimyasallara karşı dayanıklı hale getirildi.

Özgün olan bu tez çalışması, SCI indeks kapsamında yer alan "Macromolecular Chemistry and Physics (208 / 2007 / 1572-1581)" dergisinde yayınlanmıştır.

Mayıs, 2008 **Prof. Dr. Atilla GÜNGÖR** **Yalçın BOZTOPRAK**

SEMBOLLER

$R^{\cdot}$	: Radikal
C=O	: Karbonil grubu
A_0	: Orijinal kesit alanı
A_k	: Kopma anındaki kesit alanı
$\sigma_ç$	: Çekme gerilmesi
σ_a	: Akma gerilmesi
σ_b	: Basma gerilmesi
σ_k	: Kopma gerilmesi
F_{max}	: Uygulanan maksimum kuvvet
F_a	: Akma anında uygulanan kuvvet
F_k	: Kopma anında uygulanan kuvvet
L_0	: Başlangıçtaki uzunluk
L_k	: Koptuktan sonraki uzunluk
% r	: Yüzde kesit daralması
% T	: Yüzde ışık geçirgenliği
MPa	: Mega paskal
ρ	: Yoğunluk
n	: Kırılma indisi
E	: Elastiklik modülü
ε	: Uzama miktarı
T_g	: Camsı geçiş sıcaklığı
T_m	: Erime sıcaklığı

KISALTMALAR

PC	: Polikarbonat
PMMA	: Polimetilmetakrilat
ABS	: Akrilonitril bütadien stiren
UV	: Ultra Viyole
MEK	: Metiletilketon
TMOS	: Tetrametoksisilan
TEOS	: Tetraetoksisilan
ICPTMS	: 3-izosiyanato propil trimetoksisilan
HDDA	: Hekzandiol diakrilat
HQ	: Hidrokinon
PTSA	: Paratoluen sülfonikasit
DBTDL	: Dibütiltindilaurat (T12)
Irg-184	: Irgacure 184
HQ	: Hidrokinon
PTSA	: Paratoluen sülfonikasit
FT-IR	: Fourier Transform İnfrared Spektroskopisi
TGA	: Termal Gravimetrik Analiz
SEM	: Taramalı Elektron Mikroskopisi
TEM	: Geçirgenlik Elektron Mikroskopisi
NMR	: Nükleer Magnetik Rezonans
NCO	: İzosiyanat
P	: Post-cure
PI	: Fotobaşlatıcı

ŞEKİL LİSTESİ

SAYFA NO

Şekil II.1 Bisfenol A Polikarbonatın Kimyasal Yapısı 16

Şekil II.2 Bisfenol A Polikarbonat Sentezi 18

Şekil II.3 Gözlük Camı Olarak Kullanılan Polikarbonatın Sentezi 18

Şekil II.4 İki Allil Grubundan Oluşan Çapraz Bağlı Polikarbonatın Sentezi 19

Şekil II.5 PC ile Diğer Katı Plastiklerin Darbe Dayanımının Karşılaştırılması 22

Şekil II.6 Tipik Sol-Jel Oluşum Basamaklarının Şematik Görünüşü 31

Şekil II.7 Çeşitli Sol-Jel Türevli Ürünlerin Şematik Görüntüsü[40] 31

Şekil II.8 Sol-Jel Sisteminde Gerçekleşen Hidrolitik Polikondensasyon Reaksiyonları 33

Şekil II.9 Asit Kataliz Kulanılan Hidroliz 34

Şekil II.10 Hibrid Malzemelere Uygulanan Etkileşimler ve Kuvvetleri 38

Şekil II.11 Silikon Esaslı Sol-Jel Prosesinde Organik Olarak Fonksiyonelleşmiş Trialkoksisilanların Rolü 39

Şekil II.12 Hibrid Malzemelerin Farklı Türleri 40

Şekil II.13 Sol-Jel Yöntemiyle Oluşturulan (Si-O-Si) İnorganik İskeleti 41

Şekil II.14 Hibrid Malzemelerin Organik Kısmının UV ve / veya Termal Yolla Çaprazlanması 42

Şekil II.15 Organik-İnorganik Hibrid Malzemelerin (CERAMER) Hazırlanmasına Dair Örnek Bir Mekanizma 43

Şekil II.16 Hibrid Malzemenin İçerdiği Akrilat veya Metakrilat Çeşidinin ve Sayısının Young Modülü ve Termal Genleşme Katsayısına Etkileri 45

Şekil II.17 Hibrid İnorganik - Organik Polimerlerin Yapısal Birimleri ve Bunları Hazırlamak İçin Kullanılan Metal Alkoksit (Öncül) Tipleri 47

Şekil II.18 UV Işınlarıyla ve Isıyla Sertleşebilen Yapıların Karşılaştırılması 53

Şekil II.19 UV Işınlarıyla Sertleşebilen Kaplama Prosesi 54

Şekil II.20 Kaplanmış Yüzeyde UV Işınları ile Sertleşmenin Gerçekleşmesi 55

Şekil II.21 UV Işınları Yardımıyla Kaplamanın Sertleştirilmesi[78] 56

Şekil II.22 Korona Cihazı 67

Şekil II.23 Korona İşleminin Mekanizması 67
Şekil II.24 Çapraz Kesilmiş Kaplamalarda (Cross-Cut) Yapışma Dereceleri..........69
Şekil II.25 Gerilme - % Uzama Grafiği 71
Şekil II.26 Polimerlerin Gerilme-Şekil Değiştirme Eğrileri 74
Şekil II.27 Yarı Kristalin Polimerlerin Gerilme-Şekil Değiştirme Eğrisi..................75
Şekil III.1 Serbest Film Hazırlamak İçin Kullanılan Cam Kalıp 80
Şekil IV.1 Trimetoksisilan Uçlu Çift Fonksiyonel Gruplu Fotobaşlatıcının Sentezi.88
Şekil IV.2 Trimetoksisilan ile Sonlanmış Fotobaşlatıcının FT-IR Spektrumu..........91
Şekil IV.3 Hibrid Filmlerin RT-IR Çift Bağ Dönüşüm Profili 92
Şekil IV.4 Hibrid Kaplamalarda Silika İçeriğinin Sarkaç Sertliği Üzerine Etkisi.....94
Şekil IV.5 100 ve 500 Devirden Sonraki Kütle Kaybı 97
Şekil IV.6 Kaplanmış ve Kaplanmamış PC Levhaların Işık Geçirgenliği..................98
Şekil IV.7 Kaplanmış ve Kaplanmamış PC Levhaların Işık Geçirgenlik Grafiği......98
Şekil IV.8 Kaplamaların Termal İşlemden Sonraki Çekme Modülleri 101
Şekil IV.9 Modifikasyon Yüzdesinin Bir Fonksiyonu Olarak Sıcaklığa Karşı Ağırlık Kaybı..102
Şekil IV.10 (a) B3 ve (b) PB3 İçin Katı Hal NMR Spektrumu 104
Şekil IV.11 PB3 Kodlu Kaplama Numunesinin TEM Görüntüsü 104
Şekil IV.12 PA2 ve PA3 Kodlu Hibrid Kaplama Örneklerinin SEM Görüntüleri ..107

TABLO LİSTESİ

SAYFA NO

Tablo II.1 Polikarbonatın Fiziksel Özellikleri 22

Tablo II.2 Polikarbonatın Mekanik Özellikleri 23

Tablo II.3 Polikarbonatın Isıl Özellikleri 24

Tablo II.4 Polikarbonatın Elektriksel Özellikleri 24

Tablo II.5 Polikarbonatın Yanma Özellikleri 25

Tablo II.6 Polikarbonatın Kimyasal Dayanımı 26

Tablo II.7 Polikarbonatın Gaz Geçirgenliği 27

Tablo II.8 Hibrid Malzemelerin Kompozisyon ve Yapısının Farklı Olasılıkları 38

Tablo II.9 Farklı Kimyasal Etkileşimler ve Bağ Kuvvetleri 38

Tablo II.10 Organik ve İnorganik Malzemelerin Genel Özelliklerinin Karşılaştırılması ... 44

Tablo II.11 UV Işınlarıyla Sertleşebilen Sistemlerin Temel Bileşenleri 57

Tablo II.12 Gerilme-Şekil Değiştirme Eğrileri Sonucunda Ortaya Çıkan Özellikler75

Tablo III.1 Hazırlanan Hibrid Formülasyonların Kompozisyonu (P: Post-Cured)... 84

Tablo IV.1 Hibrid Kaplamaların Sarkaç Sertlik Değerleri 93

Tablo IV.2 Hibrid Kaplamaların Kalem Sertlik Değerleri 94

Tablo IV.3 PC Levhalar Üzerine Hibrid Kaplamaların Yapışma Etkisi 95

Tablo IV.4 Üzerine Kaplama Yapılmış PC Levhaların Solvent Direnci 96

Tablo IV.5 Hibrid Kaplamaların Kimyasal Dayanımı 96

Tablo IV.6 Polimerik Filmlerin Jel İçeriği 99

Tablo IV.7 Gerilme-Uzama Analizi 100

Tablo IV.8 Hibrid Ağların TGA Analizi 103

BÖLÜM I

GİRİŞ ve AMAÇ

I.I. GİRİŞ

Polikarbonat (PC) son derece üstün darbe mukavemeti, optik özellikleri, ısıl direnci ve boyutsal kararlılığı olan yüksek performansa sahip amorf mühendislik termoplastiğidir. Polikarbonat, bisfenol A ile fosgen'den sentezlenmiştir. Alifatik ve aromatik yapıda olabilirler.

Polikarbonatlar yüksek darbe dayanımının yanısıra ve nem/UV ışınlarına karşı sergiledikleri direnç nedeniyle otomotiv ve uzay-havacılık sektöründe; elektriksel yalıtım özellikleri, boyutsal kararlılıkları, yüksek ısıl bozunma sıcaklıkları ve çarpma dirençleri nedeniyle elektrik ve elektronik endüstrisinde; şeffaf ve kolay steril edilebilir olmasından dolayı tıbbi ekipmanlarda ve gıda sektöründe yaygın bir şekilde kullanılmaktadır.

Polikarbonat bu üstün özelliklere sahip olmasına rağmen çizilmeye, aşınmaya ve kimyasallara karşı dayanımlarının zayıf olması gibi bazı dezavantajlara sahiptir. Polikarbonat yüzeyinin kaplanarak aşınmaya, çizilmeye ve kimyasallara karşı dayanıklı hale getirilmesi suretiyle bu dezavantajların üstesinden gelmek mümkündür.

Malzemelerin gerekli koşulları sağlayamaması durumunda yüzeyler modifiye edilerek istenilen özellikler kazandırılabilir. Bu özellikleri kazandırma amacıyla sıkça uygulanan yöntemlerden biri de sol-jel tekniğidir. Farklı kompozisyonda olabilen ve istenen biçim ve özellikte kaplamalar yapılmasını sağlayan bu yöntem korozyona karşı metal yüzeylerin korunmasında; seramik, cam ve polimer yüzeylerin kaplanmasında yeni kullanım alanlarının doğmasına olanak sağlar.

Sol-jel tekniği, ORMOCER ticari ismiyle bilinen organik-inorganik hibrid malzemelerin hazırlanmasında önemli rol oynayan bir yöntemdir. Sol-jel yöntemi ile mikro ölçekte ve tek fazda homojen olarak farklı malzemeleri biraraya getirmek mümkündür. Örneğin; bu yöntemle hem camın hem de organik polimerin özelliklerini son malzemeye taşımak mümkündür.

Hibrid malzemelerin sol-jel yöntemiyle hazırlanmasında genellikle alkoksisilanlar kullanılmakta olup bunların kontrollü hidroliz ve kondensasyon reaksiyonları ile polimerleştirilmesi ile cam benzeri malzemelerin oluşturulması sağlanmaktadır.

Hibrid malzemeler inorganik polimerlerin elastikliğini, yüzey enerjisini, gaz geçirgenliğini, kimyasal ve ısısal dayanıklılığını, şeffaflığını, seramik veya camların sertliğini; organik polimerlerin ise tokluk, işlenebilirlik gibi özelliklerini aynı yapıda biraraya getirebilirler.

Literatürde, hibrid malzemelerin birçoğunun termal yöntemlerle sertleştirilmesine dair çok sayıda çalışmalar yer almaktadır. Hibrid malzemeler alternatif olarak UV ışınlarının kullanılmasıyla da sertleştirilebilirler. UV ışınları ile hazırlanan kaplamaların daha ekonomik olması, enerji gereksiniminin düşük olması, çok hızlı bir şekilde çapraz bağlanmanın gerçekleşebilmesi, oda sıcaklığında uygulanabilmesi ve formülasyonlarında çevre ya da sağlığa zararlı uçucu organik bileşikler içermemesi gibi avantajları vardır. UV ışınlarıyla sertleşebilen kaplama formülasyonları, UV ışınlarıyla polimerize olabilen doymamış karbon-karbon çift bağına (C=C) sahip ışığa duyarlı fonksiyonel gruplar içerirler.

UV ışınları ile sertleştirilen kaplama formülasyonunda genellikle oligomer (film oluşumunu ve temel özellikleri belirleyen), reaktif seyreltici (çapraz bağlanma için) ve fotobaşlatıcıdan oluşur. Dolgu maddeleri ve çeşitli katkı maddeleri de ilave edilebilir. Kaplama; oligomer türü ve reaktif seyreltici türü ve oranına bağlı olarak farklı viskozitelerde olup sıvı halde yüzeye uygulanır. Kaplama formülasyonu uygulanan yüzey, uygun dalga boyu ve enerjiye sahip UV ışınlarının etkisine bırakılır ve fotobaşlatıcı türüne bağlı olarak serbest radikal veya katyonik mekanizma ile sertleşme gerçekleşir. Tamamen sertleşen kaplama yüksek molekül ağırlıklı, çapraz bağlı ve yapışma özelliği olmayan bir yapıdadır. Sertleşme esnasında hiçbir şekilde uçucu bileşen içermediği için bu tür kaplamalar çevre dostu olarak da bilinirler.

I.2. AMAÇ

Polikarbonat yukarıda sıralanan üstün özelliklerinin yanısıra çizilmeye ve kimyasallara karşı dayanımının yüksek olmaması gibi dezavantajlara da sahiptir. Özellikle darbelere ve tozlu ortamlara maruz kalan polikarbonat ürünler, kolayca çizilebilmekte ve optik özelliklerini önemli ölçüde yitirmektedirler. Bu çalışmanın amacı, polikarbonatları sol-jel tekniğiyle kaplayarak aşınmalara, çizilmelere ve kimyasallara karşı daha dayanıklı hale getirmektir.

Bu amaca yönelik olarak yeni çift fonksiyonlu fotobaşlatıcı sentezi yapılarak sol-jel yöntemi ile hazırlanan organik-inorganik hibrid kaplama formülasyonları polikarbonat levhalara uygulanarak UV ışınlarının etkisiyle sertleştirilmiştir. Sonuçta polikarbonatın aşınmaya, çizilmeye, ısıya ve kimyasallara karşı dayanımı arttırılmıştır. Bu sonuçların ışığı altında, kaplanan polikarbonatın ekonomik kullanım süresi ve performansının artacağı tahmin edilmektedir.

BÖLÜM II

GENEL BİLGİLER

II.1. POLİKARBONATLAR

Polikarbonatlar tekrarlanan birim olarak karbonat grupları içeren yüksek molekül ağırlıklı polyesterlerdir. Bu grubun en önemli üyesi 2,2-bis(4-hidroksifenil)propan polikarbonattır ve bisfenol A polikarbonat olarak da bilinmektedir (Şekil 1). [1,2]

Bisfenol A polikarbonat çok dayanıklı bir malzemedir. Polikarbonatların karakteristikleri polimetilmetakrilat'a (PMMA; akrilik) oldukça benzer, fakat polikarbonat daha güçlü ve daha pahalıdır. Ayrıca bu polimer oldukça şeffaf ve ışığı geçiren bir yapıdadır. Birçok cam türünden daha iyi ışık geçirgenlik karakteristiğine sahiptir. [3]

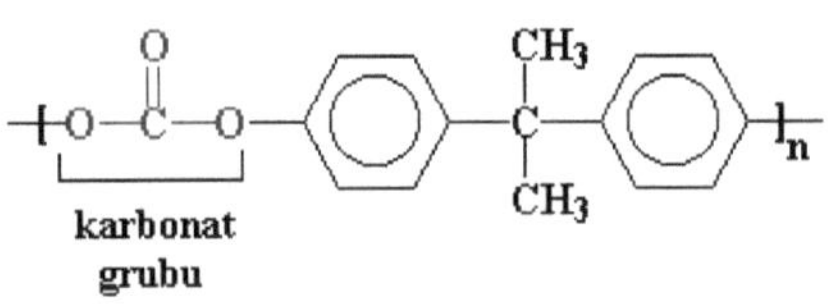

karbonat grubu

Şekil II.1 Bisfenol A Polikarbonatın Kimyasal Yapısı

Polikarbonat ilk kez Einbain tarafından 1898 yılında sentezlenmiştir. Carothers ve Natta 1930 yılında alifatik polikarbonatları içeren yüksek molekül ağırlıklı polikondensatları incelemişlerdir.[4] Ancak bu alifatik polikarbonatlar bağıl olarak düşük erime ve yumuşama sıcaklıkları nedeniyle mühendislik reçinesi olarak kullanılamamışlardır. Bisfenol A'dan plastik özelliklere sahip aromatik polikarbonat 1953 yılında Bayer Laboratuarları'nda Dr. Heran Schnell tarafından sentezlenmiştir. Bu polimerin sentezi aynı yıllarda General Electric Laboratuarları'nda çalışan Dr. Daniel Fox tarafından da gerçekleştirildi.[5] Her iki çalışmada da temel çıkış maddesi olarak bisfenol A kullanılmıştır. Daha sonra yapılan çalışmalarda diğer bisfenoller de kullanılmış, fakat hiçbiri bisfenol A ile hazırlanan malzemenin sahip olduğu üstün özelliklere ulaşamamıştır.

İlk bisfenol A polikarbonat Avrupa'da Bayer, ABD'de General Electric tarafından 1957 yılında satışa sunulmuştur. 1970'den sonra her iki şirket uluslararası aktivitelerini genişletmişlerdir. Polikarbonat üretici firmalar arasına Japonların da katılmasıyla bu alanda rekabet daha da hızlanmıştır.

II.1.1. Polikarbonatın Sentezi ve Modifikasyonu

Günümüzde endüstriyel ölçekte polikarbonat üretimi için 1950'lerde Bayer tarafından geliştirilmiş arayüzey polikondensasyonu yaygın olarak kullanılmaktadır. Bu yöntemde birinci basamakta alkali çözeltisindeki bisfenol A sodyum tuzu inert bir organik çözücü (metilen klorür, 1,2-dikoloroetan, klorobenzen, kloroform vb.) varlığında fosgenlenerek reaktif oligomerler oluşturulur. İkinci basamakta ise polikarbonatlar organik ortamda katalizör (trietilamin, tri-n-propil amin vb.) varlığında yüksek molekül ağırlıklı polikarbonatlara dönüştürülür. Polikondensasyon reaksiyonunun gerçekleşebilmesinde emülsiyonun etkin bir şekilde karıştırılması ve sulu fazdaki alkali madde miktarı önemli parametrelerdir. Bisfenol A esaslı polikarbonat sentezinde pH'ın 12 veya daha düşük değerlerde tutulması önerilir. Bu yöntem "sıcak fosgenleme" olarak adlandırılmasına karşın sıcaklık 10-35 °C arasındadır. [6]

$$HO-C_6H_4-C(CH_3)_2-C_6H_4-OH + NaOH \longrightarrow$$

Bisfenol A

$$Na^+\,^-O-C_6H_4-C(CH_3)_2-C_6H_4-O^-\,Na^+$$

Bisfenol A sodyum tuzu

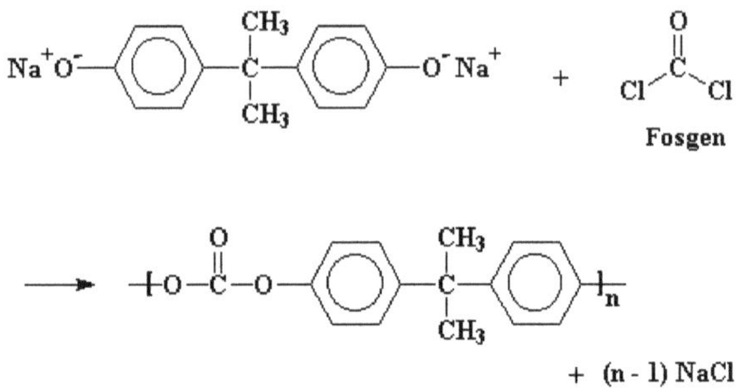

Fosgen

+ (n - 1) NaCl

Şekil II.2 Bisfenol A Polikarbonat Sentezi

Bisfenol A bazlı polikarbonatın haricinde ultra-hafif gözlük camı yapımında kullanılan özel bir polikarbonat sınıfı daha vardır. Bu polikarbonat, gözlük camlarına göre hem daha hafif hem de kırılma indisi daha yüksek olan bir malzemedir. Yani bu malzemede ışık, cam gözlüklere göre daha fazla kırılır. Bu polikarbonat, bisfenol A polikarbonattan çok farklıdır.[7]

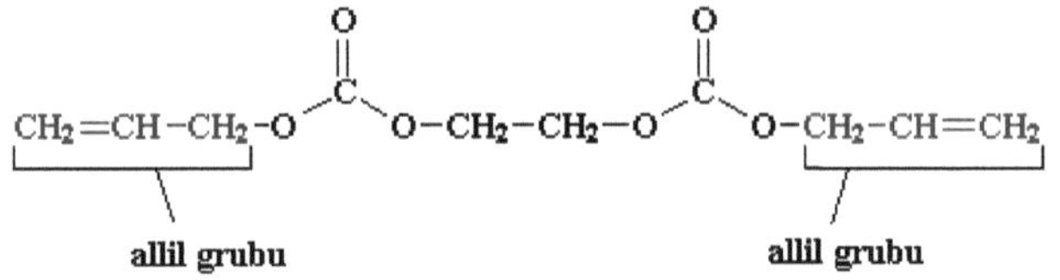

allil grubu

allil grubu

Şekil II.3 Gözlük Camı Olarak Kullanılan Polikarbonatın Sentezi

Burada uç gruplarda iki allil grubu olduğu görülmektedir. Bu allil grupları karbon-karbon çift bağlarına (C=C) sahiptirler. Karbon-karbon çift bağlarına sahip olması, allil gruplarının serbest radikal vinil polimerizasyon ile polimerize olabileceği anlamına gelmektedir. Tabiki her bir monomerde iki allil grubu vardır. Bu iki allil grubu, polimer zincirinin farklı kısımlarında olmalıdır. Bu yöntemle zincirin tamamı birleşerek çapraz bağlı bir malzeme ortaya çıkacaktır.

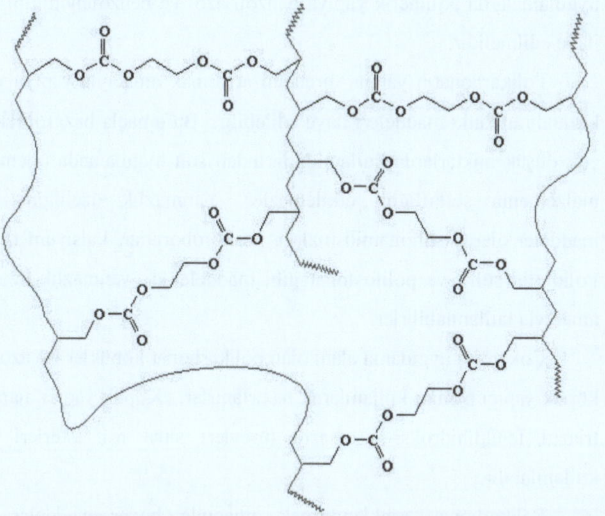

Şekil II.4 İki Allil Grubundan Oluşan Çapraz Bağlı Polikarbonatın Sentezi

Burada görüldüğü gibi karbonat grupları, polimer zincirleri arasında çapraz bağlı haldedir. Bu çapraz bağ, malzemeyi çok sağlam ve dayanıklı yapar. Bu yüzden bu malzeme, camlar gibi kolayca kırılmaz. Bu özellik çocuk gözlükleri için gerçekten çok önemlidir.

Burada tanımlanan iki tip polikarbonat arasında temel bir fark vardır. Bisfenol A polikarbonat termoplastiktir, yani ısıtıldığında eriyebilir. Fakat gözlük camlarında kullanılan polikarbonat termosettir, yani ısıtıldığında erimez. Termoset olmasından dolayı bu malzeme gerçekten de çok dayanıklıdır ve ısıya karşı dirençlidir.

II.1.2. Polikarbonatın Modifikasyonu

Polikarbonatın özellikleri çeşitli katkı maddelerinin ilavesiyle modifiye edilebilir. Bisfenol A polikarbonat, yüksek oranda aromatik hidrokarbon içermesi nedeniyle ısıl olarak oldukça kararlıdır. Bu polimerler 320 °C'ye kadar kolaylıkla işlenebilir. İşleme ve kalıplama sırasında olası bozunmaların engellenmesi amacıyla organik fosfatlar veya organosilikon bileşikler stabilizör olarak kullanılır.

Polikarbonatın oksijen ve nem varlığında uzun süre UV ışınlarına maruz kalması, sararma eğilimini arttırır ve yapısında foto-oksidatif bozunmalara sebep olur.[8,9] Bu nedenle polikarbonatın hava ile doğrudan temasının söz konusu olduğu uygulamalarda polimerik yapıya benzotriazol ve benzofenon gibi UV stabilizatörler ilave edilmelidir.

Polikarbonatın yanma direncini arttırmak amacıyla yapıya yanmazlık özelliği kazandıran katkı maddeleri ilave edilebilir. Bu amaçla bazı toprak alkali sülfonatlar çok düşük miktarlarda kullanıldıklarından son uygulamada önemli bir özellik olan malzemenin şeffaflığını etkilemezler. Yanmazlık özelliğini kazandıran diğer maddeler olarak sülfonamid tuzları, perfloroboratlar, kalsiyum titanatlar sayılabilir. Poliolefin sülfit ve polifosfonat gibi maddeler de yanmazlık özelliğini geliştirmek amacıyla kullanılabilirler.

Çok geniş uygulama alanı olan polikarbonat köpükler ise azot gazı ve kimyasal köpük yapıcı ajanlar kullanılarak hazırlanırlar. Köpük yapıcı ajanlar olarak 5-fenil-triazol, fenildihidroksi-oksadiazon türevleri, sitrik asit esterleri ve asit anhidritler kullanılabilir.

Polikarbonatı renklendirmek amacıyla boyar maddeler veya pigmentler kullanılır. TiO_2 gibi inorganik pigmentler, çarpma direnci ve molekül ağırlığında azalmaya neden olabilir. Bu nedenle organik fosfitler gibi stabilizörlerle birlikle kullanılırlar. Polikarbonatın dayanıklılığını arttırmak amacıyla yapıya % 10-40 (ağırlıkça) oranında cam fiberler (uzunluğu 100 μm olan kısa fiberler veya 300 μm olan uzun fiberler) ilave edilebilir. Böylece istiflenme yoğunluğu artar, ısıl genleşme katsayısı azalır. Cam fiberin seçiminde malzeme ile uyuşabilirliği göz önüne alınmalıdır. Cam fiber destekli polikarbonatın çarpma direncini arttırmak için polifenilen oksit ve organosilikon gibi katkı maddeleri kullanılabilir.

Polikarbonatın diğer polimerlerle karışımları ticari açıdan oldukça önemlidir. Polikarbonat-ABS (akrilonitril-bütadien-stiren) karışımı ile hazırlanan polimerlerin mekanik özellikleri, ısıl bozunma sıcaklıkları ve akış özellikleri oldukça geliştirilmiş olup bu malzeme elektronik ve otomotiv endüstrisinde ve ofis makinalarının üretiminde yoğun olarak kullanılmaktadır.[10] Polikarbonat-polialkilen tereftalat karışımları boyutsal kararlılığı ve yüksek çözünme direnci nedeniyle otomotiv endüstrisinde özellikle yüzey alanı büyük parçaların üretiminde kullanılmaktadır. Polikarbonat-poliolefin karışımları üstün elektriksel özellikleri nedeniyle elektrik malzemelerinin üretiminde, polikarbonat-polistiren karışımları optik özellikleri nedeniyle lazer kompakt disk üretiminde, polikarbonat-elastomer karışımları yüksek enerji absorpsiyonu nedeniyle güvenlik kaskları ve otomobil iç/dış parçalarının üretiminde, yüksek çözünme direncine sahip polikarbonat-poliamid karışımları ve yüksek dayanıma sahip polikarbonat-poliüretan karışımları ise otomotiv endüstrisinde yaygın olarak kullanılmaktadır.

II.1.3. Polikarbonatın Özellikleri

Günümüzde mühendislik malzemesi olarak önem kazanan polikarbonatlar genellikle bisfenol A esaslıdır.[11] Ticari polikarbonatlar arasındaki temel farklılık, molekül ağırlıkları ve içerdikleri katkı maddeleridir. Boyutsal kararlılık, yanma dayanımı, yüksek ısıl bozunma sıcaklığı, iyi elektriksel özellikleri, yüksek darbe dayanımı ve geniş bir sıcaklık aralığında özelliklerini koruyabilmesi gibi önemli ve yararlı özelliklerinden dolayı polikarbonat yaygın bir şekilde kullanılan amorf termoplastik polimeridir.[12] Ayrıca hafif, şeffaf, ekonomik olması ve kolay işlenebilmesi gibi özelliklere de sahiptirler.[13] Bu üstün özelliklerinden dolayı polikarbonat yüksek performanslı malzeme sınıfına girmekte olup yüksek darbe direnci ve nem/UV ışınlarına dayanıklılığı nedeniyle otomotiv, uzay ve havacılık sektöründe; şeffaf ve kolay steril edilebilir olmasından dolayı tıbbi ekipmanlarda ve gıda sektöründe oldukça yoğun bir şekilde kullanılmaktadır.[14] Fakat yumuşak polimerik yüzeyinin kolayca çizilmesinden/aşınmasından ve çeşitli kimyasallara maruz kaldığında çatlamaya karşı yüksek çentik hassasiyetine sahip olmasından dolayı bazı uygulamalarda kullanımı sınırlıdır.[15,16] Ancak polikarbonat yüzeylerin sert ve şeffaf bir koruyucu kaplamayla kaplanması suretiyle bu sınırlamaların üstesinden gelinebilir.[17,18] Bu kaplama, yüzeyi hem aşınmaya dayanıklı bir hale getirecektir hem de foto-oksidasyondan korumak için UV ışınlarını absorbe edici bir tabaka görevi görecektir. Böylece yüzeye uygulanan kaplama polikarbonatın ömrünü arttırmayla birlikte performansını da arttıracaktır.[19]

II.1.3.1. Fiziksel Özellikler

Polikarbonat hava, saf oksijen, oksitleyici ajanlar ve ozona karşı camsı geçiş sıcaklığı civarında (150 °C) bile yüksek direnç gösterir. Kalıplanmış parçaların boyutsal kararlılığına ve özelliklerine nemin etkisi çok azdır. Polikarbonatın fiziksel özellikleri Tablo II.1'de verilmiştir.[20]

Tablo II.1 Polikarbonatın Fiziksel Özellikleri

Fiziksel Özellikler	
Yoğunluk	1.20 g/cm³
Kırılma İndeksi (n)	1.582-1.586
Denge- Su absorpsiyonu	% 0.16-0.35
Su absorpsiyonu - 24 saat	% 0.1

II.1.3.2. Mekanik Özellikler

Polikarbonatlar dayanıklı, sert, tok, şeffaf mühendislik termoplastikleridirler. 150 °C'ye kadar rijidliği (sertlik) ve –20 °C'ye kadar tokluğu devam eder. Polikarbonatlar amorftur, böylece mükemmel mekanik özellikler gösterirler. Normal sıcaklıkların üzerinde ve altında çok geniş sıcaklık limitleri içinde mekanik dayanımını korur.[21] Termal olarak 135 °C'ye kadar dirençlidir.

Polikarbonatların boyutsal kararlılığı ve darbe dayanımı çok yüksektir. Darbe dayanımı parça kalınlığına bağlıdır ve parça kalınlığı arttıkça darbe dayanımı azalmakta, ancak 6,5 mm kalınlıkta dahi hala yüksek kalmaktadır. Aşağıdaki diyagram polikarbonat ile diğer katı plastiklerin darbe dayanımını karşılaştırmaktadır.[22]

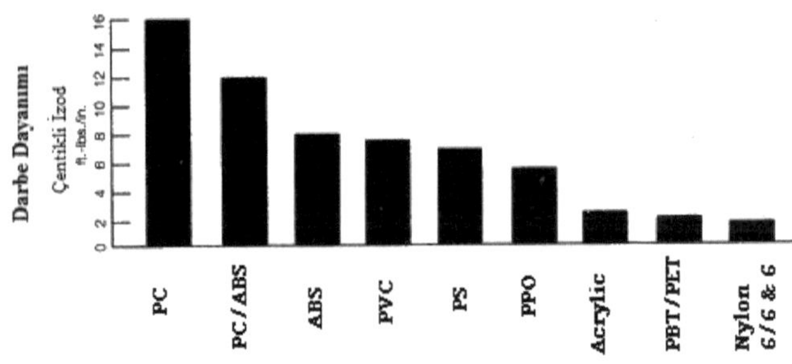

Şekil II.5 PC ile Diğer Katı Plastiklerin Darbe Dayanımının Karşılaştırılması

Polikarbonatın mekanik özellikleri Tablo II.2'de verilmiştir. Polikarbonatlar çevre koşullarında hemen hemen hiç nem absorbe etmezler.[23] Dolayısıyla pratik uygulamada mekanik özellikleri nemden etkilenmez. Ancak işleme sırasında yüksek sıcaklıklarda nem, polikarbonat degredasyonuna yol açabilir. Bu yüzden polikarbonat granüller tamamen kurutulduktan sonra işlenmelidir.

Tablo II.2 Polikarbonatın Mekanik Özellikleri

Mekanik Özellikler	
Young Modülü (E)	2400 N/mm^2
Çekme Gerilmesi ($\sigma_ç$)	70-80 N/mm^2
Basma Gerilmesi (σ_b)	75 N/mm^2
Kopma Uzaması (ε)	% 100-130
Poisson Oranı	0.37
Rockwell Sertliği	M70, R118
İzod Darbe Dayanımı	60-80 kJ/m^2
Çentik Darbe Dayanımı	20-35 kJ/m^2
Aşınma Dayanımı	10-15 mg/1000 tur
Sürtünme Katsayısı	0.31

II.1.3.3. Isıl Özellikler

Polikarbonatın ısıl özellikleri Tablo II.3'de verilmiştir. Polikarbonat 148 °C civarında elastik bir malzemeye dönüşür. 150-155 °C civarında ihmal edilebilir düzeyde plastik akma gösterdiği için polimer malzemenin geometrisinde herhangi bir değişiklik olmaksızın uzun süreli yaşlandırma çalışmaları yapılabilir. 220 °C'de ise polikarbonat akmaya başlar. Bu değer polikarbonat için erime sıcaklığı olarak tanımlanır. Bu sıcaklık eriyik viskozitesini karakterize ettiği için diğer termoplastiklerin erime noktaları ile karşılaştırılması uygun değildir. Polikarbonat, yüksek sıcaklıklarda iyi mekanik özelliklere sahiptir. Polikarbonatın çok amaçlı kullanılmasının en önemli nedeni 145 °C sıcaklık değerine kadar performansını korumasıdır. Polikarbonatın ticari başarısının önemli nedenlerinden biri de ısıl bozunma sıcaklığının yüksek olmasıdır.

Şeffaf ve yanmaya dayanıklı olan bu polimerik malzeme, üstün elektriksel özellikler gösterir. Bu üstün özellikleri nedeniyle polikarbonatlar -100 ile 150 °C sıcaklık bölgesinde sorunsuz olarak kullanılırlar.

Tablo II.3 Polikarbonatın Isıl Özellikleri

Isıl Özellikler	
Erime Sıcaklığı (T_m)	220 °C
Camsı Geçiş sıcaklığı (T_g)	150 °C
Maksimum Çalışma Sıcaklığı	145 °C
Minimum Çalışma Sıcaklığı	-135 °C
Lineer Termal Uzama Katsayısı (α)	65×10^{-6}/K
Özgül Isı Kapasitesi (c)	1.2-1.3 kJ/kg·K
Termal İletkenlik (k) 23 °C	0.19-0.22 W/(m·K)
Isı Transfer Katsayısı (h)	0.21 W/(m^2·K)

II.1.3.4. Elektriksel Özellikleri

Polikarbonatın elektriksel özellikleri Tablo II.4'de verilmiştir. Polikarbonat, çeşitli sıcaklıklarda ve nem koşullarında mükemmel bir yalıtım malzemesidir. Bu nedenle elektrikli cihazlarda polikarbonatın kullanılması yeterli ölçüde güvenliği sağlamaktadır. Polikarbonat, özellikle elektrik/elektronik alanında yalıtım malzemesi olarak oldukça önemli bir mühendislik malzemesidir.

Tablo II.4 Polikarbonatın Elektriksel Özellikleri

Elektriksel Özellikler	
Dielektrik Sabiti (ε_r) (1 MHz)	2.9
Elektriksel Geçirgenlik (ε) 1 MHz	2.568 x10^{-11} F/m
Bağıl Geçirgenlik 1 MHz	0.866(2)
Geçirgenlik 1 MHz	1.089(2) μN/A^2
Dielektrik Dayanımı	15-67 kV/mm
Dağıtma Faktörü (1 MHz)	0.01

II.1.3.5. Optik Özellikleri

Optik teknolojisi, optik uygulamaların gelişmesi için kullanılacak malzemelerle ilgili önemli bir ilerleme kaydetmiştir. Polikarbonat, şeffaf ve optik özelliklerinin iyi olmasından dolayı optik uygulamalarda önemli bir yere sahiptir.[24] Polikarbonat, 275 nm dalga boyuna kadar UV-bölgede ışınları tamamen absorplar, 400 nm'nin üzerindeki görünür bölgede ışık geçirgenliği % 90 civarındadır. Polikarbonatın 550 nm'de ölçülen refraktif indeksi 1582-1.586 arasında olup malzemenin viskozitesine bağlıdır.

II.1.3.6. Yanma Özellikleri

Polikarbonat, yanmazlık veren maddeler içermediği durumda bile yanmayı geciktirici bir özellik sergilediğinden dolayı oldukça iyi yanma direnci gösterir.[25] Polikarbonatın yanma özellikleri Tablo II.5'de verilmiştir.

Tablo II.5 Polikarbonatın Yanma Özellikleri

Yanma Özellikleri	
Yanabilirlik	
Yanma Süresi	5 sn
Yanma Uzunluğu	15 mm
Kızgın Tel Deneyi	
2 mm	750 °C
3 mm	850 °C
Oksijen İndeksi	% 25-27

II.1.3.7. Kimyasallara Karşı Dayanımı

Polikarbonatın yüksek dayanıklılığa sahip olmasının temel nedeni, düşük sıcaklıklarda bile gözlenen moleküler gevşemedir. Polimer zincirine yabancı moleküllerin bağlanması, malzemenin gevşeme yeteneğini ve dolayısıyla dayanıklılık davranışını etkiler.

Polikarbonatın bazı kimyasallara karşı dayanımının düşük olduğu veya dirençsiz olduğu ve bu kimyasalların da polikarbonatın fiziksel özelliklerini değiştirdiği bilinmektedir. Genellikle asit, yağ ve gres yağı tarafından etkilenmezler, ancak 65 °C suda devamlı tutulduğunda kısmen gevrekleşirler. Klorlanmış hidrokarbonlarda ise çözünürler; ester, keton ve aromatik çözücülere karşı da hassastırlar. Polikarbonatın ksilen'e maruz kalması ise malzemenin görünümünde ve mekanik özelliklerinde plastizasyon ve opaklık gibi değişimlere neden olur.[26] Bunların yanısıra kimyasal dayanımı iyi olan polikarbonatlar da vardır. Polikarbonatın çeşitli kimyasal maddelere karşı gösterdiği direnç Tablo II.6'da verilmiştir.

Polikarbonatın bazı çözücülerden etkilenmesi, gerilme çatlamasına sebep olur.[27] Organik çözücüler ve buharları, normal üst gerilme limiti altında bile çatlamalar yapabileceği için yük altındaki polikarbonatların organik çözücüler ve buharlarından uzak tutulmaları gerekir. Ayrıca yüzeylere uygun bir kaplama yapılması suretiyle polikarbonatlar kimyasal etkilerden korunabilir.

Tablo II.6 Polikarbonatın Kimyasal Dayanımı

Etkilendiği Ortamlar	**Etkilenmediği Ortamlar**
Aseton	Asetik asit, % 10'luk çözeltisi
Amonyak	Karbondioksit
Benzoik asit	Karbonmonoksit
Bütil asetat	Etil alkol
Sodyum hidroksit	Etil glikol
Kloroform	Hidroklorik asit, % 20'lik çözeltisi
Dietileter	Hidrojen peroksit, % 20'lik çözeltisi
Hidroklorikasit, derişik	İzopropil alkol
Metanol	Metan
Metil etil keton	Oksijen
Metilen klorür	Ozon
Stiren	Propan
Toluen	Sülfür
Sülfürik asit	Üre
Ksilen	Su *

* Polikarbonatın 60 °C'ye kadar suya olan direnci oldukça yüksektir. Yüksek sıcaklıklarda su ile uzun süreli teması yapıda hidrolize neden olur. Dolayısıyla sıcaklık ve zamana bağlı olarak yapıda bozunma gözlenir.

II.1.3.8. Geçirgenlik Özelliği

Polikarbonat, gazlara ve su buharına karşı geçirgen özelliktedir.[28] Polikarbonatın su buharı geçirgenliği, film kalınlığına bağlıdır. Çeşitli gazlar için geçirgenlik değerleri Tablo II.7'de verilmiştir.

Tablo II.7 Polikarbonatın Gaz Geçirgenliği

Gaz Geçirgenliği	
Gaz	Geçirgenlik (cm^3)/m^2.gün.bar)
Argon	520
Azot	190
Bütan	< 10
Bütilen	< 20
Etan	< 30
Etilen	60
Etilenoksit	5000
Helyum	7200
Hidrojen	7800
Hidrojensülfit	120
Metan	190
Karbondioksit	6700
Kükürtdioksit	6200
Oksijen	1100
Propan	< 10

II.1.4. Polikarbonatın Kullanım Alanları

Polikarbonatlar üstün özellikleri ve uygulama alanlarına bağlı olarak istenilen özelliklerde hazırlanabilmeleri nedeniyle hemen hemen bütün endüstrilerde geniş kullanım alanına sahiptirler.

Polikarbonatlar elektriksel yalıtım özellikleri, yanmazlıkları, yüksek ısıl bozunma sıcaklıkları ve çarpma dirençleri, şeffaflık ve boyutsal kararlılıkları nedeniyle elektronik endüstrisinde yaygın bir şekilde kullanılmaktadır.

Yüksek dielektrik dayanımı ve hacim direncinden dolayı elektriksel uygulamalar için mükemmel bir malzeme olan polikarbonat, aynı zamanda elektronik cihazların kutularının yapımında koruma amaçlı kullanılmaktadır.[29] Ayrıca yine koruma amaçlı olarak yüksek voltaj prizlerinde, lamba tutucularda, sokak lambalarında, elektrik dağıtım kutularında da yaygın olarak kullanılmaktadır. Polikarbonat, film ve slayt projektörlerinde metal kaplamaların yerini almıştır. Cam fiber destekli polikarbonat iyi yalıtım ve yanmazlık özellikleri, aşınma direnci ve boyutsal kararlılığı nedeniyle kredi ve kimlik kartları okuyucularında kullanılmaktadır.

Yüksek şeffaflık, ısıl kararlılık ve rekabet edebilir maliyetleri nedeniyle polikarbonat, şeffaf plakaların hazırlanmasında ideal bir malzemedir. Cam ve polimetilmetakrilatın çizilme dirençlerinin polikarbonattan yüksek olmasına karşın polikarbonat yüksek kırılma direnci açısından bu malzemelerden üstündür. Polikarbonat plakalar büyük çatılarda, okul ve benzer binalarda, güvenli olması gereken binalarda (gökdelenler vb.) camın yerini almıştır.

Polikarbonatlar yüksek çarpma direnci, ısıl bozunma sıcaklığı ve nem/UV kararlılığı nedeniyle taşımacılık ve ulaşım sektöründe reflektör, otomobil arka ve fren lambalarının muhafazası, motosiklet cam siperi, otomobillerde havalandırma ve soğutma kafesi, iç aydınlatma aksamı, elektrik dağıtım sistemi muhafazası, silecek destekleri, otomobil sigortaları, uçak yapımında iç aksamda ve trafik sinyallerinin üretiminde kullanılmaktadır. Polikarbonat karışımlar (ABS, polyester gibi), tampon üretiminde de değerlendirilmektedir.

Polikarbonat filmler, uygun spesifik hacim dirençleri ve elektriksel özellikleri nedeniyle baskı şeritlerinin üretiminde, kredi kartlarında ve reklam panolarında bilgi taşıyıcı olarak kullanılmaktadır. Antistatik ajan içeren şeffaf polikarbonat filmler ile elektronik cihazların güvenli olarak paketlenmesi mümkün olmaktadır. Cam fiber destekli polikarbonat objektif, hareketli ve sabit kameralar ve dürbün yapımında da kullanılmaktadır.

Polikarbonatlar şeffaflıkları ve yüksek dayanıklılıkları nedeniyle kan oksijenatörleri, diyaliz makinaları ve kan setleri gibi medikal uygulamalarda da yaygın olarak kullanılmaktadır. Üstün sterilizasyon dayanımı nedeniyle (ısı, buhar, radyasyon ve etilen oksit sterilizasyonu kolaylıkla uygulanabilir) kültür ve idrar şişeleri, hayvan kafesleri, biberon ve ilaç şişelerinin üretiminde polikarbonat tercih edilmektedir.

PC köpükler posta kutularında, cadde aydınlatma elemanlarında ve telefon kulübelerinin yapımında; PC şişeler karbonatsız ve hızlı tüketilen içeceklerin paketlenmesinde; PC filmler gıdaların depolanmasında yaygın olarak kullanılmaktadır. Paten, buz-hokey alanları için koruma amaçlı çerçeve ve cam, buz-hokey kaskı, sörf tahtası, pusula muhafazası, gemi feneri, su altı aydınlatma sistemleri, bilgisayar dış bölgeleri polikarbonattan üretilmektedir.

Hafif ve şeffaf olmasından dolayı polikarbonatlar, optik uygulamalar için de önem arzeden bir malzemedir.[30] Gözlük imalatında gözlük camı olarak ve mikroskop parçalarının üretiminde sıklıkla kullanılmaktadır.

Bütün bu kullanım alanlarının yanısıra yüksek sıcaklık ve basınç pencereleri, koruma amaçlı kalkanlar, endüstriyel cihazlar ve ev eşyaları, enstrüman parçaları, uçak ve roketlerin elektronik parçaları, kompakt diskler, DVD'ler, laboratuar cihazları, su damacanaları gibi ürünlerin üretiminde de kullanılmaktadır.[31]

II.2. SOL-JEL YÖNTEMİ

Etkinliği ve güvenirliliği geliştirilmiş, fiziksel, kimyasal ve mekanik özellikleri daha üstün, daha hafif, daha ucuz ve yeni uygulamalarda istenen işlevlere dönük malzemeler tüm sektörler için geçerli kriterlerdir. Bunlar arasında yüzey özellikleri geliştirilmiş malzemeler hemen her uygulama için çok büyük önem taşır.

Çoğu kez original malzemenin kendisinin gerekli koşulları sağlayamadığı durumlarda yüzeyleri modifiye edilerek uygun özellikler kazandırılır. Bunlar; kaplama, fiziksel işlemler uygulama, yüzeye atom, iyon ya da moleküllerin implantasyonu gibi çeşitli yöntemlerle yapılmaktadır. Uygulanan yöntemlerden biri de sol-jel yöntemidir.[32] Farklı kompozisyonlarla olabilen, istenen şekil ve özelliklerde kaplamaların yapılmasını sağlayan bu yöntem; korozyona karşı metal yüzeylerin korunmasına, seramik, cam ve polimer yüzeylerin kaplanmasına ve böylelikle bu malzemeler için yeni kullanım alanlarının doğmasına neden olmaktadır.[33]

Sol-jel yöntemi teknolojik öneme sahip olmasından dolayı bir çok alanda sıklıkla kullanılan bir yöntemdir. Sahip olduğu avantajlardan dolayı günümüzde kullanımı gittikçe artmaktadır.

Sol-jel uygulamalarında "sol" kelimesi sıvı içindeki katı kolloidal parçacıkları, "jel" ise katı ve sıvı faz arasındaki fazı sembolize eder. Sol-jel yönteminde asidik ya da bazik ortamda metal alkoksitlerin hidrolizini takiben kondensasyonundan çeşitli inorganik ağ yapılar oluşturulmaktadır.

II.2.1. Sol-Jel Yönteminin Tarihçesi

Sol-jel yöntemi, metal alkoksit monomerlerinden çeşitli inorganik ağların oluşturulduğu bir yöntemdir ve 1800'lü yıllarda keşfedilmiştir. 1939 yılında SiO_2 katmanları incelenmiştir.[34] 1846 yılında silisik asitten nem altında hidrolize ve polikondanse olarak silikat cam elde edilmiştir. Bu yeni metodla üretilen cam, sıradan oksitler kullanılarak klasik metodlarla üretilen camlardan daha homojendir. Geffeken ve Bergen sol-jel prosesiyle tek katlı oksit kaplamalar hazırlamışlar ve Schroeder bu proses için bir çok tek ve karışık oksit tabakalar kullanarak ince film fiziğini geliştirmiştir ve ilk ürün 1953 yılında ortaya çıkmıştır.[35] Bu yöntemle elde edilen yansıtmasız kaplamalar 1964, güneş ışığı yansıtıcılar ise 1969 yılından beri üretilmektedir. Çok sayıda sol-jel ürünleri bunları takip etmiştir. Bunlar temel olarak SiO_2, TiO_2 ve bunların karışımlarını içerir.[36]

1970'lerde inorganik jellerin yüksek sıcaklıkta ergime yöntemi kullanılmadan düşük sıcaklıklarda oluşturulması ve camlara dönüştürülmesi bu konuya olan ilgiyi yeniden gündeme getirmiştir. 1972 yılında Levene ve Thomas kısmen hidrolize olmuş bir ürün sağlamak için stokiyometrik miktardan daha az bir suyla silisyum alkoksitin hidroliziyle yüksek saflıkta oksit ürünler hazırlamışlardır. Kısmen hidrolize olmuş ürün öncelikle bir metal alkoksitle ve/veya bir metal tuzuyla yeterli miktarda suyun da yardımıyla reaksiyona sokulmuştur ve sonradan temiz bir jele dönüşecek olan temiz bir solüsyon oluşturulmuştur.

II.2.2. Sol-Jel Yönteminin Genel Özellikleri

Sol terimi, bir sıvı ya da çözeltiyi ifade etmektedir. Moleküller arası Van Der Waals ve elektriksel itme kuvvetlerinin etkisi, yerçekimi kuvvetine oranla daha fazladır. Bu nedenle sol'u oluşturan malzemeler çökmez. Jel ise genellikle moleküler seviyede yoğun bir bağlanmanın meydana geldiği jel noktasına ulaşmış sistemi belirtmektedir. Jel noktasında kritik miktarda ağ reaksiyonu oluşur. Makroskobik boyutlarda ve sonsuz molekül ağırlığında en az bir molekül vardır. Jel noktasının ilerisinde çapraz bağlanma reaksiyonu oluşur. Jelin en genel karakteristiği, çözünmez olmasıdır.

Sol-jel yöntemi, organik modifiye silisyum-alkoksitlerin kontrollü hidrolizi ve kondensasyonu ile inorganik ağın oluşturulması ve daha sonra inorganik ağa bağlanmış polimerize olabilen grupların termal veya UV başlatıcı sistemler ile aktive edilerek reaksiyon vermesi esasına dayanır.[37]

Sol-jel kaplamalar polimer, seramik, cam, metal, ahşap gibi birçok malzemenin yüzeyinin mekanik ve kimyasal dayanımının artmasına önemli katkılar sağlamaktadır.[38]

Sol-jel yönteminde metal alkoksitlerin (Si, Ti, Al, Zn, …) asidik ya da bazik ortamda hidrolizini takiben kondensasyonundan çeşitli inorganik ağ yapılar oluşturulmaktadır. Şekil II.6'da sol-jel oluşumu ve Şekil II.7'de sol-jel reaksiyonu sonucunda elde edilen yapılar gösterilmiştir.[39]

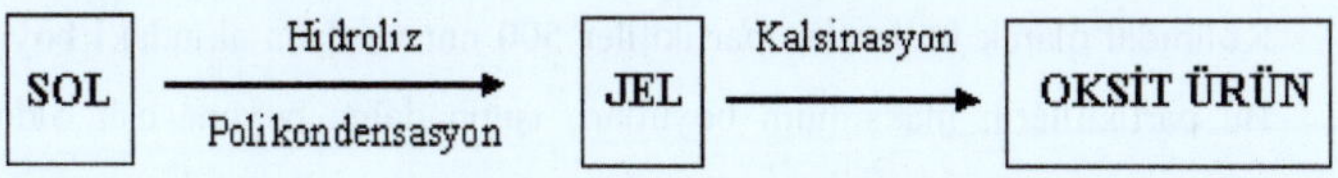

Şekil II.6 Tipik Sol-Jel Oluşum Basamaklarının Şematik Görünüşü

Bu yapılar; jellerin kurutulmasıyla meydana gelen katı haldeki zerojellerden elde edilen yoğun filmler ve seramikler, sollerin çöktürülmesiyle oluşan çeşitli düzenli parçacıklar, hızlı döndürme ve fırınlama işlemlerinden sonra elde edilen seramik fiberler, ıslak jelin sıvı bileşeninin gazla yer değiştirmesiyle oluşan jele benzeyen yalıtkan, düşük yoğunluklu ve gözenekli bir katı olan aerojellerdir.

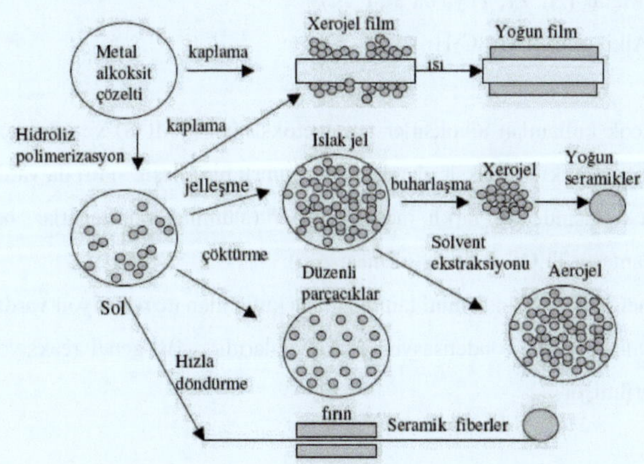

Şekil II.7 Çeşitli Sol-Jel Türevli Ürünlerin Şematik Görüntüsü[40]

II.2.3. Sol-Jel Sistemleri

Sol-jel yöntemi kullanılan başlangıç maddelerine göre iki temel gruba ayrılır:

1. Kolloidal jellerin oluşturduğu sistemler
2. Polimerik jellerin oluşturduğu sistemler

II.2.3.1. Kolloidal jellerin oluşturduğu sistemler

Bu yöntem kolloidal boyutta kristal olmayan partikülleri kullanarak sulu veya susuz bir ortamda metal oksitlerin kararlı çözeltilerinin hazırlanmasına dayanır. Kolloidal olarak kullanılan partiküller 500 nm ve daha altındaki boyutlara sahiptir. Bu partiküllerin maksimum boyutları, ışığın dalga boyuna eşit olduğu için optik mikroskopta görülemezler. Bu sistemde amaç, sulu bir çözücü içerisine metal bileşiklerini kolloidal olarak disperse etmektir. Disperse edilmiş bu kısma "sol" denir.

II.2.3.2. Polimerik jellerin oluşturduğu sistemler

Polimerik jeller, metal alkoksitlerden elde edilir. Metal alkoksitler su ile kolayca reaksiyona girmektedir. Alkoksitlerin genel formülleri M(OR)'dir.[41]

M: Metal (Al, Zr, Ti ya da Si, P …)

R: Alkil grup (CH_3, C_2H_5, C_3H_7 …)

En çok kullanılan alkoksitler tetrametoksisilan (TMOS) ve tetraetoksisilandır (TEOS). Ayrıca ikili alkoksit olarak bilinen sınırlı bir bileşik sınıfı da vardır. Bunlar aynı yapı içerisinde iki farklı metal içerirler (alüminatlar, titanatlar, boratlar vb. alkoksisilanların TEOS ile karıştırılması gibi).

Genellikle sol-jel işlemini tanımlamada kullanılan üç reaksiyon vardır. Bunlar; hidroliz, alkol ve su kondensasyon reaksiyonlarıdır. Bu genel reaksiyonlar Şekil II.8'de verilmiştir.

$$-\overset{|}{\underset{|}{Si}}-OR + HOH \underset{\text{Yeniden Esterleşme}}{\overset{\text{Hidroliz}}{\rightleftharpoons}} -\overset{|}{\underset{|}{Si}}-OH + ROH$$

$$-\overset{|}{\underset{|}{Si}}-OH + -\overset{|}{\underset{|}{Si}}-OH \underset{\text{Hidroliz}}{\overset{\text{Su Kondenzasyonu}}{\rightleftharpoons}} -\overset{|}{\underset{|}{Si}}-O-\overset{|}{\underset{|}{Si}}- + HOH$$

$$-\overset{|}{\underset{|}{Si}}-OH + -\overset{|}{\underset{|}{Si}}-OR \underset{\text{Alkoliz}}{\overset{\text{Alkol Kondenzasyonu}}{\rightleftharpoons}} -\overset{|}{\underset{|}{Si}}-O-\overset{|}{\underset{|}{Si}}- + ROH$$

Şekil II.8 Sol-Jel Sisteminde Gerçekleşen Hidrolitik Polikondensasyon Reaksiyonları

Hidroliz ve Kondensasyon

Metal alkoksitlerin hidroliz ve polikondensasyon reaksiyonları, sol-jel üretiminde temel kimyasal mekanizmayı oluşturur. Jelleşme noktasında hidroliz ve kondensasyon hızları, farklı polimer yapılarına sebep olmaktadır. Hidroliz ve kondensasyon hızları; su miktarı, katalizör türü, çözücü konsantrasyonu ve sıcaklık gibi faktörlerden etkilenir.

Sol-jel inorganik ağın özellikleri ve karakteristikleri; hidroliz ve kondensasyon reaksiyon hızı, pH, sıcaklık ve reaksiyon zamanı, reaktif konsantrasyonu, katalizörün yapısı ve konsantrasyonu, H_2O/Si mol oranı, yaşlanma sıcaklığı ve zamanı, kurutma gibi faktörler tarafından etkilenmektedir. Bunlardan pH, katalizör yapısı ve konsantrasyonu, H_2O/Si mol oranı ve sıcaklık çok önemli faktörlerdir. Bu faktörlerin kontrol edilmesiyle sol-jel inorganik ağın yapısı ve özelliklerini değiştirmek mümkündür.

Kondense olmuş polimerlerin kimyasal kompozisyonları, molekül morfolojileri ve boyutları sürekli olarak değişir.

TEOS'un hidroliz ve kondensasyon reaksiyonları aşağıdaki eşitliklerde gösterildiği gibidir.

$$Si(OC_2H_5)_4 + 4H_2O \longrightarrow Si(OH)_4 + 4C_2H_5OH$$

$$Si(OH)_4 \longrightarrow Si0_2 + 2H_2O$$

Hidrolitik polikondensasyon reaksiyonlarında ilk aşama hidroliz olup TEOS ve H_2O arasındadır. Su ile TEOS birbirleriyle iyi karışmadığı için alkol ilave edilerek homojen bir çözelti hazırlanır. İkinci aşama kondensasyon reaksiyonu olup reaksiyon hızı; alkol, su miktarı ve pH'a bağlıdır. $pH < 7$ ve su / TEOS mol oranı 2-4 olduğunda kondensasyon reaksiyonu yavaş ilerlerken hidroliz reaksiyonun önemli bir ısı çıkışıyla (heat evolution) birkaç dakika içerisinde tamamlandığı gösterilmiştir. Eğer bu oran 2-4 arasında ise her iki reaksiyonda aynı zamanda ilerlemektedir. Eğer oran < 2 ise hidroliz tamamlanamaz, fakat jel kendi yapısı içerisinde hala hidrolize olmamış organik yapılar içerdiği için oluşabilir. Genelde pH < 7 olduğunda kondensasyon reaksiyonun hızı, mevcut OH gruplarının eksikliğiyle sınırlandırılır ve yakınındaki boşluklarda bir su-alkol çözeltisi barındıran üç boyutlu bir ağın büyümesiyle polimerizasyon yavaş ilerler.

Asidik koşullarda (pH<2,5) hidroliz, hidronyum iyonunun alkoksit grupları üzerindeki oksijenle olan reaksiyonu ile yürümektedir. Asidik şartlarda kondensasyon iki basamaklı olmaktadır. İlk olarak silisyum atomunun elektrofilik karakterini artırmak üzere silanol protone olur. Daha sonra bu protone, silanol hidronyum iyonu açığa çıkararak başka bir silanol grubuna bağlanır.[42]

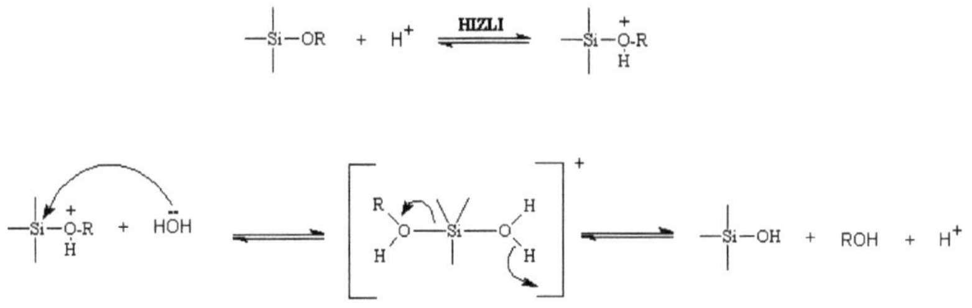

Şekil II.9 Asit Kataliz Kulanılan Hidroliz

Jelleşme

Jelleşme olayı, hidroliz ve kondensasyon reaksiyonlarının oluşması ile yürümektedir. Çözeltideki polimerik yapı, kondensasyon reaksiyonlarıyla büyüdükçe bir demet bütün çözeltiyi kaplayana kadar geniş demetler halinde birbirlerine bağlanırlar. Bu, çözeltinin jele geçişini gösterir ve bu durum çözeltinin viskozitesindeki ani artışla kolayca fark edilir.

II.2.4. Sol-Jel Prosesinin Avantaj ve Dezavantajları

Sol-jel yöntemi geleneksel üretim yöntemleriyle karşılaştırıldığında avantajlarının yanı sıra dezavantajlarının da olduğu görülmektedir.

Avantajları:

- Moleküler seviyede her bileşenin kendi içindeki dağılımından dolayı yüksek homojenliğe sahip maddeler elde edilir.
- Filmleri ve kaplamaları elde etmek için düşük sıcaklıklar gerektiğinden enerji tasarrufu sağlar.
- Elde edilen materyaller kolaylıkla reaksiyona girebilirler ve geleneksel olarak hazırlanan tozlara nazaran daha düşük katılaşma sıcaklılarına sahiptirler. Bu durum sol-jel türevli kolloidal parçacıkların yüksek düzey enerjilerinden kaynaklanmaktadır.
- Eğer işlemler esnasında kirlilik olmadıysa sonuçta elde edilen ürünün ham materyallerle (kimyasallarla) karşılaştırıldığında oldukça yüksek oranda saflığa sahip olması beklenmektedir (örneğin ticari titanyum isopropoksit % 97 saflığa sahiptir).
- Isıl işlem esnasında bileşen kaybının azalması sonucu beklenen malzemelerin bileşen içeriği hassas şekilde oluşur.
- Sol jel türevli materyallerin düşük kalsinasyon ve katılaşma sıcaklıklarından dolayı elde edilen parçacıkların büyüklüğü ve kristalliliği kontrol edilebilir.
- Sol durumunu çeşitlendirerek (örneğin pH, viskozite) ve jelleşme parametrelerini değiştirerek fiberler, ince ve kalın film tabakaları, katı, yoğun ya da gözenekli parçalar gibi çeşitli formlarda malzemeler elde edilebilir.
- Çevresel açıdan zararsız bir teknolojidir.

Dezavantajları:

- Kurutma ve ısıya dayalı işlemler sırasında elde edilen jelin bütünüyle büzülmesiyle, kurumuş ve kalsine edilmiş yapıda mikro ve makro çatlaklar meydana gelebilir. Aynı zamanda eğer ısıya bağlı oluşum basamağı tam olarak tamamlanmazsa kalan çözücü ve karbonlu tortular, şişme ve istenmeyen organik bileşikler gibi çeşitli bozukluklara yol açabilir.
- Metal alkoksitler genellikle yüksek saflıkta ve pahalı kimyasallardır.
- Zaman alıcı ve çok aşamalı bir yöntemdir.

II.2.5. Sol-Jel Prosesinin Kullanım Alanları

Jelleşmiş çözeltinin viskozitesine ve jelleşme şartlarına bağlı olarak elde edilen ürünler elyaflar, yekbare sütun, ince-kalın film tabakaları ve toz gibi çeşitli formlarda oluşturularak koruyucu ve gözenekli filmler, optik kaplamalar, dielektrik ve elektronik kaplamalar, yüksek ısılı süper iletkenler, destek fiberler, dolgular ve katalizörler gibi özel uygulama alanlarında kullanılmaktadır.

Son yıllarda sol-gel teknolojisi ile seramik pigment üretiminde çok büyük gelişmeler olmuştur. Sol-jel yöntemiyle daha düşük sıcaklıkta termal olarak kararlı, renk şiddeti yüksek pigmentler elde edilmektedir.[43]

Günümüzde sol-jel yöntemi seramik tozları, cam, katalizör ve membran yapımı, kaplamalar ve fiberler için de oldukça sık kullanılmaktadır. Bu tip kaplamalar metal, seramik ve cam gibi yüzeylerden başka polimer yüzeylerinde kaplanmasına ve bu yöntemle modifiye edilmiş polimerlere yeni kullanım alanlarının doğmasına imkan sağlamaktadır.

II.3. HİBRİD KAPLAMALAR

Kaplama endüstrisinde karşılaşılan en önemli problemlerden biri, mikro-optik elementler ve optik camların üretimi için sert, aşınmaya karşı dayanıklı ve şeffaf kaplamaların yeterince geliştirilmemesidir. Bu alanda etkili kaplama malzemesi olarak organik-inorganik hibrid kaplamalar kullanılmaktadır.[44-46]

Rapor edilen çalışmaların birçoğunun UV ile sertleştirilen sol-jel tekniğinin kullanılması ile mekanik ve fiziksel özelliklerin geliştirilmesi ve daha sert kaplamaların elde edilmesine yönelik çalışmalar olduğu görülmüştür. Soucek ve ekibi epoxynorbornene linseed oil (bezir yağı) esaslı UV ile sertleştirilen organik-inorganik hibrid filmler geliştirmişlerdir. TEOS oligomer ilavesiyle hibrid filmlerin sertliğini, darbe direncini, çekme dayanımını ve solvent direncini arttırmışlardır.[47] Ameria ve ekibi katyonik UV ışınları ile sertleşebilen epoksi esaslı hibrid kaplamalar elde etmek için çalışmalar yapmışlardır. Elde edilen filmler şeffaf ve mükemmel bir sertliğe sahiptir. Wouters ve çalışma ekibi ise poliüretan oligomer ile sonlanmış akrilat esaslı yeni UV ile sertleştirilen sert hibrid kaplamalar elde etmişlerdir. Taber aşınma testi, kaplamanın şeffaflığında düşüş olduğunu ve silika ile birleşmesinde önemli miktarda azalma olduğunu göstermiştir.

Hibrid kaplamalar polimer, seramik, cam, metal, ahşap gibi birçok malzemenin yüzeylerinin mekanik ve kimyasal dayanımını arttırır. Bunun yanısıra malzeme yüzeyine antireflektif, antistatik, hidrofilik, hidrofobik gibi özelliklerin kazandırılmasına da önemli katkılar yapmaktadır.

Hibrid malzemeler inorganik polimerlerin elastikliğini, yüzey enerjisini, gaz geçirgenliğini, seramik veya camların sertliğini, kimyasal ve ısısal dayanıklılığını, şeffaflığını; organik polimerlerin ise tokluk, işlenebilirlik gibi özelliklerini aynı yapıda biraraya getirebilirler.

Hibrid malzemelerin hazırlanmasında kullanılan en yaygın yöntem, polimer ağ içerisinde çapraz bağlı inorganik silika elde edilmesini sağlayan sol-jel tekniğidir.[48]

Bu teknik iki basamaklı reaksiyondan oluşur:

1) Hidroksil grupların oluşması için metal alkoksitlerin hidrolizi
2) Üç boyutlu bir ağ oluşması için hidroksil gruplarının ve geriye kalan alkoksi grupların kondensasyonu

Hibrid malzemelerin elde edilmesinde karşılaşılan en önemli problem makroskobik faz ayrışmasıdır. Bu problemin ortadan kaldırılması için kullanılan en yaygın yöntem, uygun bağlama ajanının ilavesidir. Bağlama ajanı, organik ve inorganik fazlar arasında bağlamayı sağlar. Böylece iyi dağılmış nano yapılı fazlar elde edilecektir.[49]

Hibrid malzeme terimi kristalin polimerler, amorf sol-jel bileşikler, inorganik ve organik birimler arasında etkileşimli veya etkileşimsiz malzemeler gibi farklı malzemelerin çok farklı sistemleri için kullanılmaktadır. Bu tür malzemelerin sentezini ve özelliklerini tartışmadan önce kompozisyon ve yapısına ait çeşitli kavramlar gözönünde bulundurularak sıklıkla kullanılan tanımlar sınırlandırılmalıdır (Tablo II.8). En geniş tanımıyla hibrid malzeme, moleküler ölçekte iki ayrı karışım içeren bir malzemedir. Genellikle bu malzemelerden biri inorganiktir ve diğeri ise organiktir. Daha detaylı bir tanımla; inorganik ve organik yapıları birbirine bağlayan olası etkileşimlerin ayrılmasıdır. 1. tür hibrid malzemeler, iki faz arasındaki zayıf etkileşimleri (Van der Waals bağı, Hidrojen bağı veya zayıf elektrostatik etkileşimler gibi) gösterir. 2. tür hibrid malzemeler, bileşenler arasındaki güçlü kimyasal etkileşimleri gösterir. Çünkü zayıf ve güçlü etkileşimlerin şiddetinde kademeli bir değişim meydana gelir (Şekil II.10). Örneğin; H bağları, zayıf düzenli bağlardan kesinlikle daha güçlüdür. Tablo II.9, bağ enerjilerine bağlı farklı kimyasal etkileşimlerin sınıflandırılışı verilmektedir.[50]

Tablo II.8 Hibrid Malzemelerin Kompozisyon ve Yapısının Farklı Olasılıkları

Matris	Kristalin ⟷ Amorf Organik ⟷ İnorganik
Yapı Blokları	Molekül ⟷ Makromolekül ⟷ Partikül ⟷ Fiber
Bileşenler arasındaki etkileşim	Güçlü ⟷ Zayıf

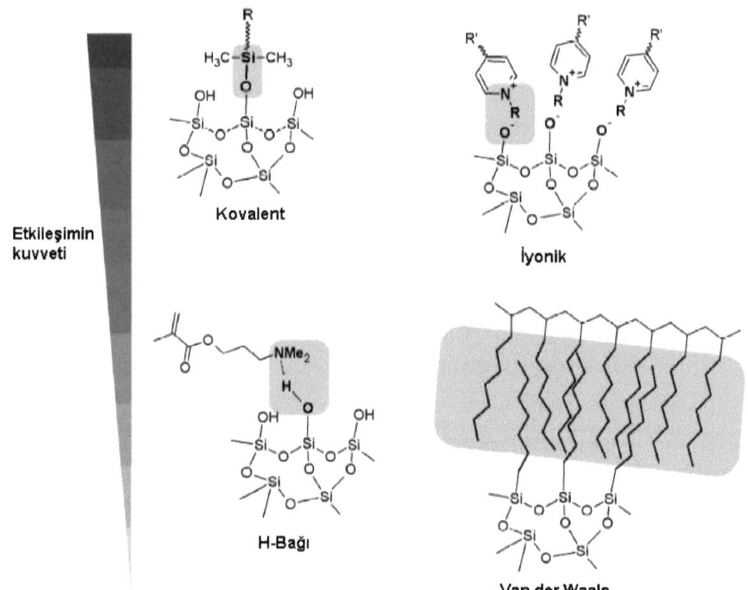

Şekil II.10 Hibrid Malzemelere Uygulanan Etkileşimler ve Kuvvetleri

Tablo II.9 Farklı Kimyasal Etkileşimler ve Bağ Kuvvetleri

Etkileşim Tipi	Kuvvet [k] mol^{-1}	Mesafe	Karakter
Van der Waals Bağı	ca. 50	Kısa	seçimli değil, yönden bağımsız
H -Bağı	5 – 65	Kısa	seçimli, yöne bağımlı
İyonik Bağ	50 – 250	Uzun	seçimli değil
Kovalent Bağ	350	Kısa	baskın, tersinmez

Bağ karakteristiklerine ilaveten yapısal özellikler, çeşitli hibrid malzemeler arasında ayrım yapmak için kullanılabilir. Fonksiyonel bir grup içeren organik bir yapı, inorganik bir ağa bağlanır. Örneğin; trialkoksisilan grupları, son yapıda inorganik ağın sadece organik grup tarafından modifiye edilmesinden dolayı modifiye edici bir ağ bileşeni olarak hareket eder. Feniltrialkoksisilanlar bu tür bileşenlere bir örnektir. Bunlar trialkoksisilan gruplarının reaksiyonu aracılığıyla sol-jel prosesinde silika ağı modifiye eder (Şekil II.11.a). Eğer reaktif bir fonksiyonel grup birleşiyorsa bu sistem "fonksiyonelleştirici ağ" olarak adlandırılır (Şekil II.11.c). Eğer iki veya üç anchor (bağlayıcı) grub, organik bir segmenti modifiye ediyorsa durum farklıdır (Şekil II.11.b).

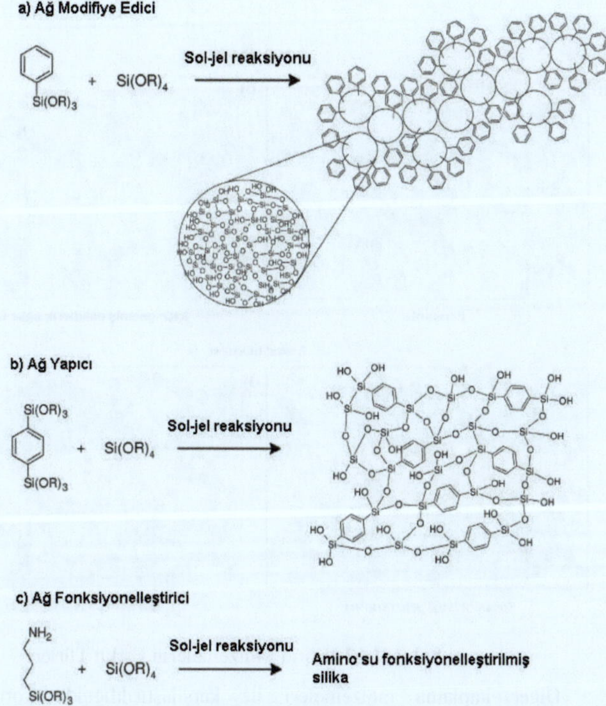

Şekil II.11 Silikon Esaslı Sol-Jel Prosesinde Organik Olarak Fonksiyonelleşmiş Trialkoksisilanların Rolü

Karışımlar, inorganik ve organik yapı blokları arasında kuvvetli kimyasal etkileşimin olmadığı durumlarda oluşurlar. Böyle bir malzemeye inorganik grup veya tanecikler ile bileşenler arasında kuvvetli etkileşimin (kovalent) olmadığı organik polimerlerin kombinasyonu olan malzemeler örnek olarak verilebilir (Şekil II.12.a). Bu durumdaki bir malzeme (örneğin; organik polimerler içerisinde) farklı inorganik gruplar içerebilir. Bu inorganik grupların fonksiyonalitesine bağlı olarak fiziksel etkileşim içerisinde düşük oranda çapraz bağlanma oluşabilir. İnorganik ve organik ağ, kuvvetli kimyasal etkileşim olmadan birbirleri içerisine girerse "iç içe geçmiş polimerik ağlar (IPN)" oluşur (Şekil II.12.b). Yukarıda bahsedilen her iki malzeme de birinci sınıf hibrid malzemelere ait tanımlamalardır. İkinci sınıf hibrid malzemeler ise inorganik yapı gruplarına organik polimerlerin kovalent olarak bağlanmasıyla (Şekil II.12.c) veya organik ve inorganik polimerlerin birbirlerine kovalent olarak bağlanmasıyla (Şekil II.12.d) oluşur.

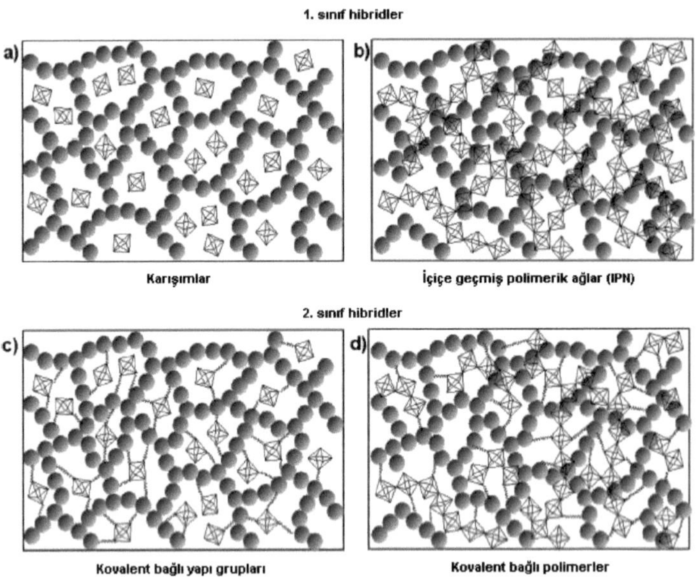

Şekil II.12 Hibrid Malzemelerin Farklı Türleri

Diğer kaplama malzemeleri ile karşılaştırıldığında koruyucu kaplama malzemesi olarak nemli ortama dayanıklılıkları, yüksek elektriksel dirençleri, farklı yüzeylere iyi yapışması ve farklı metodların kolaylıkla uygulanabilmesi özelliklerinden dolayı hibrid malzemeler daha çok tercih edilmektedir.[35]

II.3.1. Kimyasal Kompozisyonlarına Göre Hibrid Malzemeler

Polimerler için kimyasal kompozisyonlarına göre hibrid malzemeler iki grupta toplanır:

II.3.1.1. İnorganik – Organik Polimerler

Bu tür polimerler ana zincir/ağ yapı üzerinde inorganik elementler ve organik yan gruplar bulundururlar. Organik gruplar reaktif oldukları zaman bunların çapraz bağlanması ve/veya polimerizasyonları mümkündür. Eğer modifiye metal alkoksitlerin klasik sol-jel prosesini bir organik polimerizasyon ya da çapraz bağlanma takip ediyorsa meydana gelen hibrid malzemelere ORMOCER adı verilir.[37] Aşağıdaki şekillerde bu hibrid malzemelerin hazırlanma basamakları verilmiştir (Şekil II.13-14).

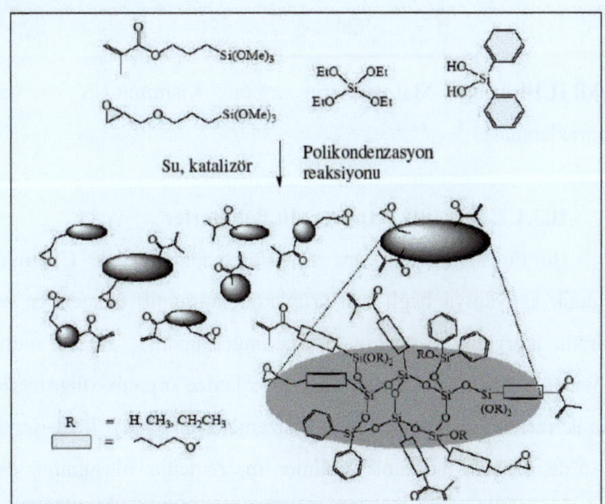

Şekil II.13 Sol-Jel Yöntemiyle Oluşturulan (Si-O-Si) İnorganik İskeleti

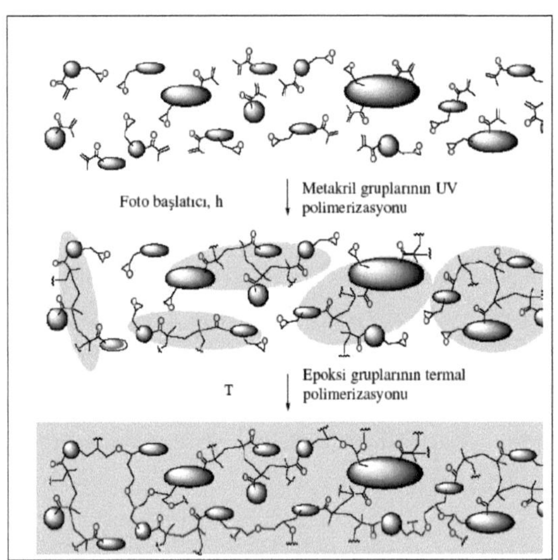

Şekil II.14 Hibrid Malzemelerin Organik Kısmının UV ve / veya Termal Yolla Çaprazlanması

II.3.1.2. Organik – İnorganik Polimerler

Bu tür malzemeler ana zincir/ağ yapı üzerinde C atomları bulundururken organik ağ yapıya bağlı yan gruplarda inorganik elementler de bulundurabilirler. Burada inorganik çapraz bağlanma mümkündür. Bu tür polimerlere, hidrolizin ardından polikondensasyona uğramış silanize organik oligomerler/polimerler örnek olarak verilebilir. Bu tür hibrid malzemeler CERAMER olarak adlandırılırlar. Şekil II.15'de organik-inorganik polimer malzemenin oluşumuna örnek bir reaksiyon verilmiştir. [39]

Hem inorganik-organik hem de organik-inorganik polimerler, hibrid malzemelere örnek olarak gösterilebilirler. Her iki yaklaşımın da amacı, inorganik ve organik fazlar arasında sinerjik bir etki elde etmektir. Hibrid polimerlerin kontrollü oluşumunda kullanılan yapısal birimler, 10 nm'den daha küçük olduğunda bu tür hibridler "nanopartiküller" yada "moleküler kompozitler" olarak adlandırılırlar.

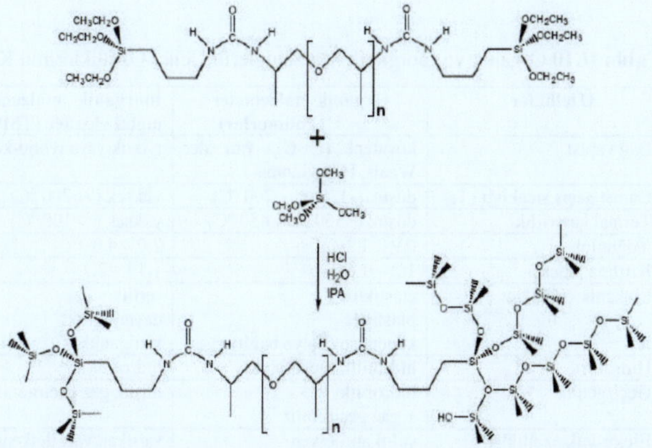

Şekil II.15 Organik-İnorganik Hibrid Malzemelerin (CERAMER) Hazırlanmasına Dair Örnek Bir Mekanizma

İnorganik-organik yapılar arasındaki kimyasal bağın cinsine ve birbirleriyle etkileşimlerine göre hibrid polimerleri iki sınıfta toplayabiliriz:

1. Zayıf Bağlarla Bağlanan Hibrid Polimerler

Organik ve inorganik kısımların birbirlerine zayıf bağlarla bağlandığı hibrid yapılardır. Bunlar metalik oksitlerden hazırlanan sol-jel formülasyonuna uygun organik molekül eklenmesiyle hazırlanır.

2. Kuvvetli Bağlarla Bağlanan Hibrid Polimerler

Organik ve inorganik kısımların birbirlerine kovalent veya iyonokovalent bağlarla bağlandığı hibrid yapılardır. Böyle yapılar R', M, $(OR)_{n-x}$ ile gösterilir. Formül, metal alkoksitlerden (metal atomu genellikle Si) ve organik molekül (R')'nin C atomunun aralarında oluşturduğu kovalent bağlardan meydana gelen hibrid yapısını göstermektedir. Organik kısım (R'), inorganik ağa kovalent olarak bağlı olan kısım içerisinde kalacaktır. Bu organik kısım, malzemenin geniş bir performansa sahip olmasını sağlar.

Hibrid malzemelerde çok fonksiyonlu özellikleri bir araya getiren organik ve inorganik malzemelerin genel özellikleri Tablo II.10'da verilmiştir.

Tablo II.10 Organik ve İnorganik Malzemelerin Genel Özelliklerinin Karşılaştırılması

Özellikler	**Organik malzemeler (Polimerler)**	**İnorganik malzemeler [SiO_2, geçiş metal oksitler (TMO)]**
Bağ yapısı	kovalent (C–C), van der Waals, H bağlanma	iyonik veya iyono-kovalent (M–O)
Camsı geçiş sıcaklığı (T_g)	düşük (-120 °C – 200 °C)	yüksek (>>200 °C)
Termal kararlılık	düşük (<350 °C – 450 °C)	yüksek (>>100 °C)
Yoğunluk	0.9 – 1.2	2.0 – 4.0
Kırılma indeksi	1.2 – 1.6	1.15 – 2.7
Mekanik özellikler	elastiklik plastisite kauçuksu (T_g'ye bağlı)	sertlik dayanıklılık kırılganlık
Hidrofilite	hidrofilik/hidrofobik	hidrofilik
Geçirgenlik	hidrofilik ± gaz geçirebilir	düşük gaz geçirgenliği
Elektronik özellikler	yalıtkan/iletken	yalıtkan/yarı iletken(SiO_2, TMO) manyetik özellikler
İşlenebilirlik	yüksek (kalıplama, döküm, film oluşturma, viskozite kontrolü)	tozlar için düşük sol-jel kaplamalar için yüksek

II.3.2. Hibrid Kaplamaların Temel Özellikleri

Tek bir malzeme içerisindeki inorganik ve organik bileşenlerin kombinasyonu, birçok malzemeye uygulanabilmektedir. Örneğin; hibrid organik-inorganik kaplamalar, bileşenlerin özellikleri arasındaki sinerjiden ortaya çıkan olağanüstü özelliklerinden dolayı önem arzetmektedir. Bu kaplamalar morfolojik açıdan bakıldığında en azından bir inorganik ve bir organik faz içerirler. Ayrıca bu kaplamalarla polimerlerin kolay işlenebilme ve esneklik özelliği ile inorganik malzemelerin sertlik ve sağlamlık gibi özellikleri birleştirilebilmekte ve cam, metal ve polimerik yüzeylere başarılı bir şekilde uygulama yapılabilmektedir. Hibrid kaplamalar genelde şeffaftırlar, iyi yapışma özelliği sergilerler ve polimerik bir yüzeyin aşınma ve çizilme direncini arttırırlar.[51,52] Hibrid malzemeler ile elyafların, filmlerin, kaplamaların işlenmesi daha kolaylaştırılabilir; organik komponent, inorganik komponentin mekanik özelliklerini modifiye edebilir; hidrofilik/hidrofobik denge ayarlanarak gözenek yapısı kontrol edilebilir ve malzemelere yeni optik veya elektriksel özellikler kazandırılabilir.

Polimerik matrisde inorganik yapıların bulunması onun kuvvetini ve sağlamlığını arttırır ve bazen çok farklı bir materyal karakteristiği ortaya çıkarır. Her iki durumda da inorganik taneciklerin boyutu, matris ve yapıların arasında arayüzeydeki etkileşimle kontrol edildiğinde çok farklı özelliklere sahip sonuçlar hazırlanabilmektedir (Şekil II.16).

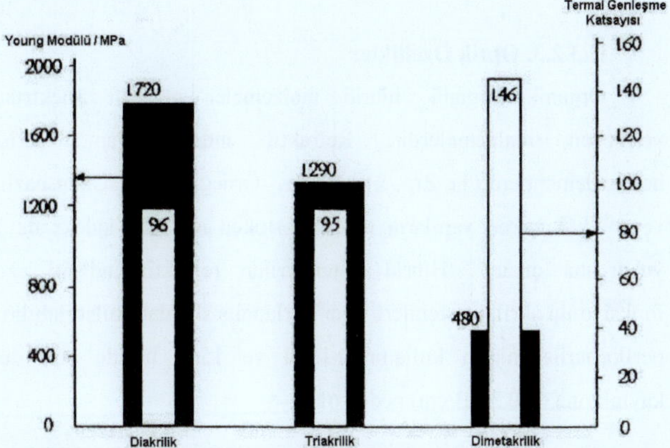

Şekil II.16 Hibrid Malzemenin İçerdiği Akrilat veya Metakrilat Çeşidinin ve Sayısının Young Modülü ve Termal Genleşme Katsayısına Etkileri

Hibrid kaplamaların yapısal özelliklerini aşağıdaki şekilde sıralayabiliriz:

II.3.2.1. Gözeneklilik ve Yoğunluk

Organik çapraz bağlı hibrid malzemeler, yoğun malzemelerdir ve gözeneklilik göstermezler. Ancak hissedilir miktarda inorganik yapılı ve organik çapraz bağı içermeyen organik modifiye silikatlar inorganik/organik yapıların miktarlarına göre kontrol edilebilen gözeneklilik gösterirler. Hibrid malzemelerin yoğunluğu 1.1-1.6 g/cm^3 arasındadır.[53] Bu değere göre hibrid malzemelerin yoğunluğu organik polimerlerden daha yüksek, inorganik bileşiklerden ise daha düşüktür.

II.3.2.2. Çekme Oranı

Organik-inorganik hibrid malzemelerini oluşturmak için organik çapraz bağlanma reaksiyonlarının kullanımı, önceden hazırlanan inorganik Si-O-Si bileşiklerinin çekme payını daha da düşürür. Sonuçta elde edilen hibrid malzemenin çekme oranı, inorganik yapıdan daha düşüktür.[54]

Saf organik polimetakrilatlar ile metakrilat alkoksisilan bazlı ORMOCER'lerin büzülmesi karşılaştırıldığında ORMOCER'lerdeki büzülmenin oldukça düşük olduğu

(% 2-8) görülmektedir. Dolgu malzemelerinin katılması ile bu büzülme oranını daha da azaltmak mümkündür.

II.3.2.3. Optik Özellikler

Organik-inorganik hibrid malzemeler görünür spektrumda absorpsiyon vermeyen malzemelerdir. Refraktif indeks, yapı içerisinde kullanılan heteroelementlere (Ti, Zr, …) bağlıdır. Örneğin; epoksisilan bazlı hibridlerde Zr-O veya Ti-O içeren yapıların miktarı arttıkça refraktif indeks de 1.48'den 1.68 ve yukarısına çıkar. Hibrid sistemlerinin refraktif indisini azaltmak için çok fonksiyonlu akrilat sistemleri veya florlanmış silanlar kullanılabilir. Özel hazırlanmış perfloroarilsilanların kullanımı 1310 ve 1550 nm'de çok düşük absorpsiyon kayıplarına (< 0.3 dB/cm) neden olur.

II.3.2.4. Yüzey Özellikleri ve Polarite

Organik-inorganik hibrid malzemeler, kaplama malzemesi olarak da önemli uygulamalara sahip olduklarından yüzey polaritesinin kontrolü önemlidir. Polar ve apolar fonksiyonel grupların seçilmesiyle yüzey enerjisi artabilir veya azalabilir. Örneğin; florosilan modifiye hibrid hidrofobik ve oleofobik yüzeylerin kullanılması, yüzey enerjisi için düşük polarite meydana getirir. İyonik silanların kullanılması, yüzey enerjisinin polaritesini arttırır.

II.3.2.5. Elektrik ve Dielektrik Özellikleri

Çoğu hibrid malzemeler oldukça yalıtkan malzemelerdir. Sahip olduğu düşük dielektrik sabiti, onları elektrik ve optik bağlantı teknolojisinde iç tabaka dielektrikleri için iyi birer aday yapar. İyon-iletken özellikleri olan hibrid malzemeler de sentez edilebilir. Bu durumlarda anyonlar, mekanik olarak dayanıklı katı polimer iyon iletkenler üretmek için inorganik-organik ağa kovalent bağ ile bağlanırlar.

II.3.2.6. Young Modülü ve Termal Genleşme Katsayısı

Hibrid kaplama malzemelerinin mekanik ve termomekanik özellikleri (Young modülü ve termal genleşme katsayısı) inorganik ve organik ağ yapının oranları ve organik ve inorganik kısımlar arasındaki aralık uzunlukları ile kontrol edilebilir. Şekil II.17'de hibrid malzemelerin çapraz bağlanmasını sağlayan akrilat veya metakrilat fonksiyonlu organik yapının Young modülüne ve termal genleşme katsayısına etkisi görülmektedir. Organik çapraz bağ yoğunluğunun arttırılmasıyla Young modülünün de arttığı bilinmektedir. Aynı zamanda termal genleşme katsayısı da düşer.

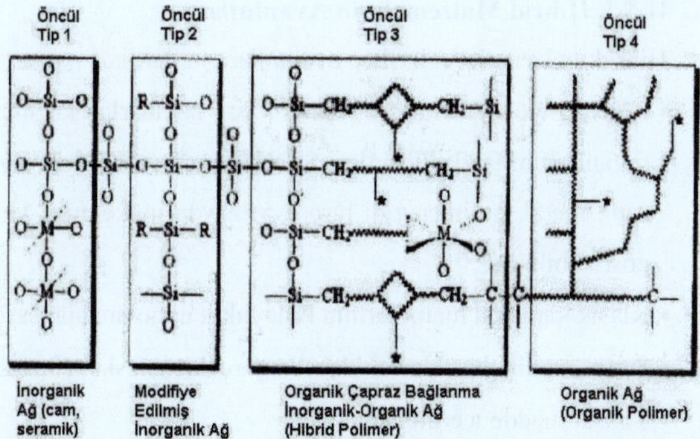

Şekil II.17 Hibrid İnorganik - Organik Polimerlerin Yapısal Birimleri ve Bunları Hazırlamak İçin Kullanılan Metal Alkoksit (Öncül) Tipleri

II.3.2.7. Aşınmaya Karşı Dayanıklılık

Hibrid kaplama malzemeleri, çeşitli yüzeyleri aşınmaya dayanıklı hale getirmek için tercih edilirler. Aşınmaya karşı dayanıklılık, Taber aşınma metoduyla karakterize edilir ve şeffaf yüzey üzerindeki artan pus miktarı ölçülür. Ne kadar az pus olursa kaplamanın aşınma dayanıklılığı o kadar fazla olur. Termal ve UV ile sertleşebilen hibrid kaplamaların aşınma dayanıklılığı oldukça iyidir. Özellikle termal sertleşebilen türler daha yüksek bir aşınma dayanıklılığı gösterirler. Heteroatomların (Ti, Al, Zr), epoksisilan bazlı hibrid malzemelerin üzerindeki etkisi araştırılmıştır ve Al-O içeren malzemeler en fazla aşınma dayanıklılığı göstermişlerdir.

II.3.2.8. Gaz Geçişine Engel Olma (Bariyer) Özellikleri

Gazlar ve su buharı için inorganik camlar, oldukça düşük geçirgenlik özelliğine sahiptirler. Bununla beraber organik polimerler de esnek olmalarının yanısıra daha açık tip ağlar içerdiğinden yüksek gaz geçirgenliğine de sahiptir. Hibrid malzemelerin organik fonksiyonalitesinin ve inorganik-organik ağ yoğunluğunun kontrol edilmesi mümkündür. Bu yüzden koku, gaz, su ve iyonlar için hibrid malzemeler kullanılarak etkili bariyer tabakaları hazırlanabilir.

II.3.3. Hibrid Malzemelerin Avantajları

Hibrid malzemelerin başlıca avantajları şunlardır:

- Konvansiyonel organik laklar ve boyalarla karşılaştırma yapıldığında organik-inorganik hibridler, SiOH gruplarından dolayı ıslak koşullarda dahi cam, metal, polimer gibi birçok yüzeyde mükemmel ve sağlam bir yapışma gösterebilmesi[55]
- Klasik kaplama metodlarının kolaylıkla uygulanabilmesi
- Sertleşmenin düşük sıcaklıklarda gerçekleşmesi (<200 °C)
- Toksik madde içermemesi
- Ekonomik olması
- İlave dekoratif etkilerin mümkün olması (sınırsız veya kısmi renklendirme)
- Nemli ortama dayanıklı olmaları
- Yüksek elektriksel dirençleri
- Homojen ve şeffaf olmaları
- İstenilen özelliklerin ilave bileşenlerle kolayca sağlanabilmesi
- Pigment, boyar ve dolgu maddelerinin ilave edilebilmesi
- İnorganik zincir yapısından dolayı aşınmaya karşı dayanıklı olmaları
- Aşınma dayanımlarının yanında antistatik ve antireflektif gibi özelliklere sahip olması

II.3.4. Hibrid Malzemelerin Kullanım Alanları

Son yıllarda optik uygulamalar için şeffaf inorganik camlar ve organik polimerlerin önemi artmaktadır. Fakat bu malzemelerin optik uygulamalar için kullanımında bazı sınırlamalar vardır. Örneğin; inorganik camlar düşük esneklik ve yüksek parlaklığa sahip olmalarından ve yüksek sıcaklıklarda işlenebilme gereksiniminden dolayı optik ve optielektronik cihazlar için uygun değildir.[56]

Tekstil materyallerinin organik boyarmaddeler ve metal alkoksit esaslı nanosoller ile kaplanmasıyla tekstil materyali üzerinde organik-inorganik esaslı bir hibrid film oluşturmak mümkündür.[57]

Hibrid malzemeler optik ve tekstil sektöründe kullanılmasının yanısıra aşağıda belirtildiği gibi birçok alanda da kullanılmaktadır:

- Cam, metal, polimer gibi birçok yüzeye koruyucu kaplama malzemesi olarak
- Katı iyon iletkenlerinde (Lityum bataryalar, süper kapasitörler, elektronik camlar…)
- Hidrofobik, hidrofilik ve oleofobik kaplamalarda
- İnşaat sektöründe cam üzerine yapılan kaplamalarda
- Paketleme endüstrisinde koku ve gazlar için bariyer tabakası yapımında
- Dekoratif amaçlı olarak cam yüzeyine renkli kaplamalarda
- Otomotiv sektöründe
- Kromatografi ve katalistler için gözenekli malzeme olarak
- Antireflektif kaplamalarda
- Sensör teknolojisinde
- Sertleşebilen hafif diş komponentlerinin yapımında
- Korozyon önleyici kaplamalarda
- Kontak lenslerde
- Membranlarda
- Elyaf yapımında
- Yüksek darbe direncine sahip yanma geciktirici ORMOCER kompozitlerde

II.4. FOTOKİMYASAL KATILMA POLİMERİZASYONU

II.4.1. Serbest Radikal Polimerizasyonu

Endüstride yaygın olarak kullanılan bu polimerizasyonda fotobaşlatıcı molekülünün UV ışınlarıyla parçalanmasıyla serbest radikal oluşur ve polimerizasyon başlar. Kaplama endüstrisinde UV ışınlarına duyarlı formülasyonlar genellikle radikal mekanizma ile polimerize edilmektedir.

Radikal katılma polimerizasyonlarında fotokimyasal yolla uyarılmış başlatıcı molekülleri, monomere bağlanarak reaksiyonu başlatan aktif radikal molekülleri oluştururlar ve zincir reaksiyonu sonlanma basamağına kadar radikal moleküller üzerinden yürür. Radikal mekanizma üzerinden yürüyen reaksiyonlar hızlı gerçekleşir ve oksijen tarafından durdurulmalarının dışında diğer atmosferik koşullardan etkilenmezler.[58]

UV ışınlarıyla başlatılan serbest radikal polimerizasyonu başlama, çoğalma ve sonlanma reaksiyonları olmak üzere 3 aşamada gerçekleşir:

II.4.1.1. Başlama Reaksiyonu

Başlama basamağında öncelikle başlatıcılar UV ışınlarını absorblarlar. Sonrasında UV ışınlarını absorblayan başlatıcılarda ilk olarak triplet halde molekül içi parçalanma, ardından homolitik parçalanma meydana gelir. Parçalanma sonunda oluşan başlatıcı radikaller (primer radikal de denir) monomer molekülleri ile reaksiyona girerek monomer radikalleri oluştururlar.

$$I \xrightarrow{h\nu} R\bullet$$

$$R\bullet + CH_2{=}CHX \longrightarrow RCH_2\underset{\displaystyle X}{\underset{|}{C}}H\bullet$$

II.4.1.2. Çoğalma Reaksiyonu

Çoğalma aşamasında; başlama basamağında oluşan aktif monomer radikalleri, aktif olmayan monomer molekülleriyle reaksiyona girerek polimer zincirini oluştururlar. Reaksiyon süresince zincire yüzlerce bazen binlerce monomer birimi katılmaktadır. Çoğalma prosesi, monomerlerin tamamı reaksiyona girene kadar devam eder.

$$R-(CH_2CHX)n-CH_2-\underset{X}{\overset{H}{C}}\cdot + H_2C{=}CHX \longrightarrow R-(CH_2CHX)_{n+1}-CH_2-\underset{X}{\overset{H}{C}}\cdot$$

II.4.1.3. Sonlanma Reaksiyonu

Sonlanma aşaması, engelleyici yapıların bulunmaması durumunda radikallerin (bimoleküllerin) birbirleriyle etkileşmeleri sonucu gerçekleşir. Zincir sonlanması aşağıda belirtilen farklı mekanizmalar ile oluşmaktadır.

1. Büyümekte olan polimer radikallerin birleşmesi ile sonlanma

İki aktif zincir ucu, bir uzun zincir oluşturmak için birleşir.

$$(\Lambda\Lambda\Lambda\Lambda\Lambda\Lambda)\cdot_m + (\Lambda\Lambda\Lambda\Lambda\Lambda\Lambda)\cdot_n \longrightarrow (\Lambda\Lambda\Lambda\Lambda\Lambda\Lambda)\cdot_{m+n}$$

$$\sim\sim CH_2-\underset{X}{\overset{H}{C}}\cdot + \cdot\underset{X}{\overset{H}{C}}-CH_2\sim\sim \longrightarrow \sim\sim CH_2-\underset{X}{\overset{H}{C}}-\underset{X}{\overset{H}{C}}-CH_2\sim\sim$$

2. Bir aktif zincir ucuyla bir başlatıcı radikali reaksiyonu

$$(\Lambda\Lambda\Lambda\Lambda\Lambda\Lambda)\cdot_m + I\cdot \longrightarrow I-(\Lambda\Lambda\Lambda\Lambda\Lambda\Lambda)_m$$

3. Aktif merkezin bir başka moleküle (çözücü, başlatıcı, monomer) transferi ile sonlanma

$$(\Lambda\Lambda\Lambda\Lambda\Lambda\Lambda)\cdot_m + M \longrightarrow (\Lambda\Lambda\Lambda\Lambda\Lambda\Lambda)_m + M\cdot$$

4. Safsızlıklarla (oksijen gibi) veya inhibitör ile etkileşme

$$I\cdot + O_2 \longrightarrow I-OO\cdot$$

$$(\Lambda\Lambda\Lambda\Lambda\Lambda\Lambda)\cdot_m + I-OO\cdot \longrightarrow (\Lambda\Lambda\Lambda\Lambda\Lambda\Lambda)-OOI$$

5. *Orantısız sonlanma*

Bir zincir ucundan hidrojen abstraksiyonu ile bir doymuş, bir doymamış grup içeren iki ölü polimer zincirinin oluşması şeklinde gerçekleşir.

$$\sim\sim CH_2-CH_2-\overset{H}{\underset{X}{C}}\cdot + \overset{H}{\underset{X}{C}}-CH_2\sim\sim \longrightarrow \sim\sim CH_2-CH=\overset{H}{\underset{X}{C}} + H\overset{H}{\underset{X}{C}}-CH_2\sim\sim$$

Monomerin cinsine ve polimerleşme koşullarına göre polimerizasyonda, sonlanma yöntemlerinin biri veya her ikisi de geçerli olabilir. Sonlanmanın türü genel olarak oluşan polimerin molekül ağırlığını etkiler. Orantısız sonlanmayla oluşan polimerin molekül ağırlığı, birleşme ile sonlanmayla oluşan polimerin molekül ağırlığından daha düşüktür.

Radikalik fotopolimerizasyonun özellikleri aşağıda sıralanmıştır:

- Ürün çeşitliliği fazladır.
- Atmosferik oksijen, polimerizasyonu durdurabilir.
- Yüksek oranda nemden etkilenmez.
- Çapraz bağlanma saniyeler içinde gerçekleşir.
- Yapışma özelliği düşüktür.
- Çekme oranı yüksektir.
- Kimyasal dayanıklılık orta derecededir.
- UV kaynağı kapatıldıktan sonra polimerizasyon durur.

II.5. UV IŞINLARI İLE HAZIRLANAN KAPLAMALAR

1970'li yıllarda uçucu organik maddelerin insan sağlığına ve çevreye verdiği zararlar neticesinde ortaya çıkan sağlık, enerji ve çevre sorunlarından dolayı sağlık kuruluşları ve çevre örgütleri, içerisinde organik yapıların olmadığı ya da çok az oranda bulunduğu kaplama ürünlerini geliştirmeleri için kaplama endüstrisine büyük baskılar yapmıştır. Bu baskılar neticesinde kaplama endüstrisinde yapılan araştırma ve geliştirme çalışmaları, yeni kaplama tekniklerinin doğmasına yol açmıştır. Bu tekniklerin başında UV ışınları ile serleştirme tekniği gelmektedir.[59] Çevre ve sağlık açısından herhangi bir tehdit oluşturmaması, bu tekniğin gelişmesine sebep olan en önemli faktördür. Bu teknik gerek koruyucu gerekse dekoratif amaçlı kaplamaların hazırlanmasında oldukça yaygın bir şekilde kullanılmaktadır.

UV teknolojisinin ilk uygulamaları matbaa sektöründe mürekkep çalışmaları üzerine olmuştur. Fiziksel olarak yüzeye transfer olan mürekkep göz, solunum ve cilt problemlerine sebep olmaktaydı. 1990 yılının başlarında yapılan araştırma-geliştirme çalışmaları ile organik bileşenlerin minimum oranda olduğu, çevre ve sağlık için zarar teşkil etmeyen formülasyonlar geliştirilmiştir.

Son yıllarda yapılan çalışmalar ışığa daha duyarlı, geniş dalga boyunda çalışmaya elverişli, daha yüksek sertleşme (kuruma) hızına imkan sağlayan, reçinelerle uyuşabilirliği kolay, koku ve renklenmeye neden olmayan özelliklere sahip yeni fotobaşlatıcıların geliştirilmesine yöneliktir.[60] Bu amaçla çeşitli fonksiyonel gruplar içeren monomerik ve polimerik fotobaşlatıcılar geliştirilmiştir.[61]

UV ışınlarıyla sertleştirilen kaplamaların düşük yatırım, üretim ve enerji maliyetlerine sahip olmaları, formülasyonlarında çevre ve sağlığa zararlı uçucu organik solvent içermemeleri, çok hızlı bir şekilde oda sıcaklığında uygulanabilmeleri geniş bir uygulama alanına sahip olmalarına neden olmuştur.[62]

UV ışınlarıyla sertleşebilen kaplamalar, UV ışınlarıyla polimerize olabilen doymamış karbon-karbon çift bağına (C=C) sahip ışığa duyarlı organik gruplar içerirler[63,64].

Kaplama türlerinin birçoğunda kurutma işlemi termal yöntemlerle yapılmaktadır.[65-67] UV ışınları ile sertleştirme tekniği buna alternatif olarak geliştirilmiştir ve sahip olduğu avantajlardan dolayı kullanımı yaygınlaşmıştır.[68,69] Şekil II.18'de UV ışınlarıyla ve ısıyla sertleşebilen kaplamaların karşılaştırılması görülmektedir.

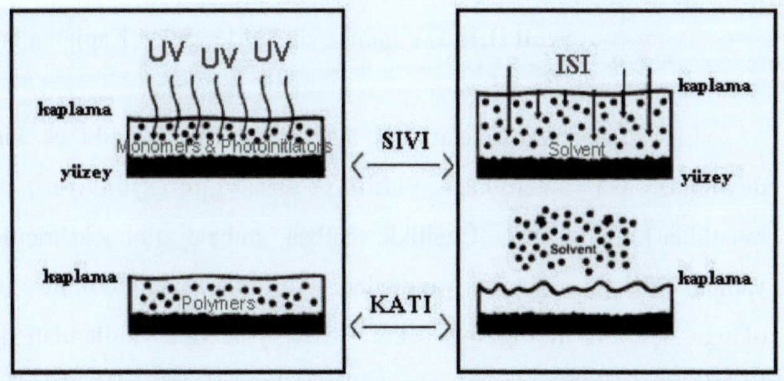

Şekil II.18 UV Işınlarıyla ve Isıyla Sertleşebilen Yapıların Karşılaştırılması

UV ışınları, kaplamalarda polimerleşmeyi başlatmak için kullanılır. Bu tür kaplama formülasyonları solvent içermemekle birlikte kompozisyonlarında oligomerler (film oluşumu ve temel özellikleri sağlayan), fotobaşlatıcılar, reaktif seyrelticiler (çapraz bağlanma için), dolgu maddeleri ve çeşitli katkı maddeleri içerirler.[70] Kaplama, oligomer türü ve reaktif seyrelticisine bağlı olarak uygulanacak yüzeye farklı viskozitelerde sıvı halde uygulanır. Kaplama, yüzeye uygulandıktan sonra uygun dalga boyu ve enerjiye sahip UV ışınlarının etkisine maruz bırakılır. UV ışınlarının meydana getirdiği reaksiyon, sıvı bir sistemin oda sıcaklığında ve birkaç saniye içerisinde kauçuksu veya camsı gibi istenilen özelliklere sahip katı bir yapıya dönüşmesine olanak sağlar.[71] Buradaki sertleşme, kullanılan fotobaşlatıcı türüne bağlı olarak serbest radikal veya katyonik mekanizma ile gerçekleşir.

Tamamen sertleşen kaplama yüksek molekül ağırlıklı, çapraz bağlı ve çözünme özelliği olmayan bir yapıdadır. UV ile sertleşebilen formülasyon içindeki tüm komponentler reaksiyona girerek polimerin ağ yapısında yer alırlar. Yani yüzeye uygulanan kaplamanın % 100'ü sertleşerek herhangi bir kalıntıya sebep olmaz. Sertleşme esnasında hiçbir şekilde uçucu bileşen ortaya çıkmadığı için bu tür kaplamalar çevre dostu olarak bilinirler.[72-74] UV prosesi Şekil II.19'da şematik olarak gösterilmiştir.[75]

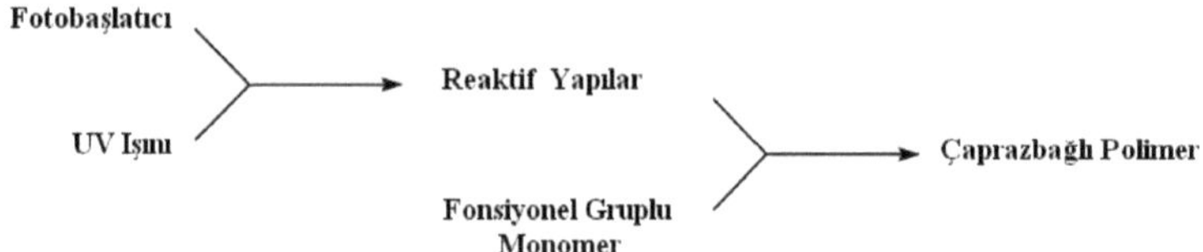

Şekil II.19 UV Işınlarıyla Sertleşebilen Kaplama Prosesi

Elde edilen kaplamalar için ayrı bir ısıtma vs. gibi ek bir işleme ihtiyaç duyulmaz. Bu yöntem kâğıt, plastik ve ahşap gibi ısıya duyarlı farklı yapılar için rahatlıkla kullanılabilir. Özellikle matbaa, ambalaj gibi sektörlerde UV ışınlarıyla yapılan çalışmalar oldukça yaygındır. Kurutma zamanı çok kısa (saniyeler içinde) olduğu için verimliliği yüksektir. Bu yöntemde kullanılan formülasyonların hazırlanması oldukça kolay olup endüstriyel uygulamalar için de uygundur.[76]

Bütün fotokimyasal reaksiyonlar belirli enerji, yapı ve yaşam süresi olan uyarılmış moleküllerin aktive olması prensibine dayanır. Birçok fotobaşlatıcı türü, yapılarında karbonil (C=O) grubunun bulunduğu en az bir adet aromatik halka içerir ve UV ışınlarını kuvvetli bir şekilde absorplar. Işık enerjisinin fotobaşlatıcı tarafından absorplanmasıyla uyarılmış moleküller oluşur.[77] Şekil II.20 ve II.21'de polimer tabakasının yüzeyinin hazırlanarak kaplamanın gerçekleşmesi gösterilmiştir.

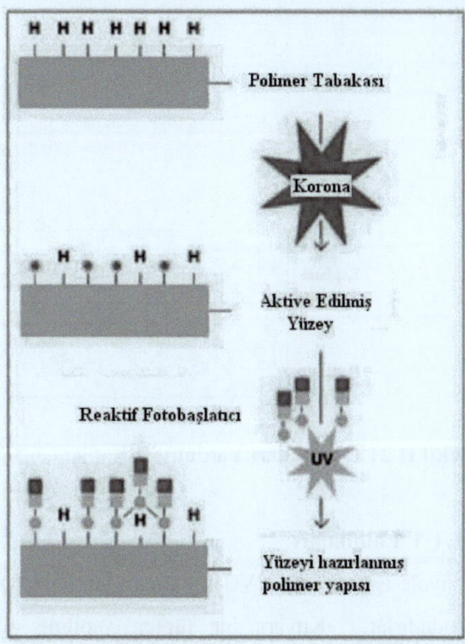

Şekil II.20 Kaplanmış Yüzeyde UV Işınları ile Sertleşmenin Gerçekleşmesi

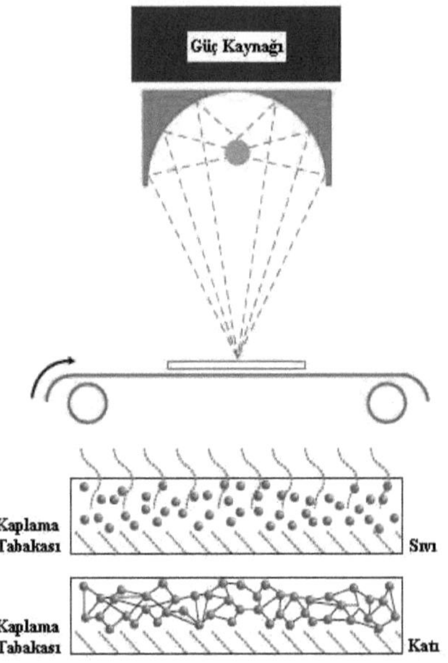

Şekil II.21 UV Işınları Yardımıyla Kaplamanın Sertleştirilmesi[78]

II.5.1. UV Lambaları

Ultraviyole ışını üreten UV lambalar, bildiğimiz floresan lambalar ile oldukça benzer yapıdadırlar. Kuvars bir tüpten yapılmış olan bu lambalar, soygaz (reaksiyona girmeyen) ve çok düşük miktarda civa ile doldurulmuşlardır. Lambanın her iki ucunda elektrodlar mevcuttur. Elektrodlar arasında yüksek gerilim uygulanır (600 – 1375 volt) ve civanın buharlaşması sağlanır. Bu durum civanın uyarılmasını ve UV ışınları üretmesini sağlar.[79]

UV spektrumu üç ana banda ayrılmıştır:

- **UV-A (uzun dalga) : 320-440 nm**
- UV-B (orta dalga) : 280-320 nm
- UV-C (kısa dalga) : 180-280 nm

260 nm dalga boyunda ışınlar verebilen UV-C lambaları, mikroorganizmalar üzerinde öldürücü bir etkiye sahiptir. Başka bir deyişle mikrop öldürme amacıyla

kullanılmaktadır. Bu dalga boylarına sahip UV ışınları, bakterinin hücre duvarı ve zarından içeri nüfuz eder, hücre DNA'sının yapısını bozar ve bakterinin yeniden canlanmasına izin vermez. Bu yüzden UV-C lambaları ameliyathanelerde ve restorant mutfaklarında sterilizasyon amacıyla sıklıkla kullanılır.[59]

UV-A ve UV-B lambaları ise genellikle UV ışınları ile sertleştirilen kaplamaların prosesinde kullanılır.

UV lambalarının spektrum değeri 100–600 nm arasında değişebilmektedir[6]. En sık kullanılan UV lambaları civa buharlı (365 nm), metalhalojenür (340–440 nm) ve galyum (400–430 nm) olmak üzere üç gruptur. Metalhalojenür lambaların UV boya ve lakları kurutma kabiliyeti civa buharlı lambaya göre daha yüksektir. Galyum UV lambaları ise boya ve lakların derinlemesine kurutulması amacıyla kullanılır. Bu lambalar ayrıca mobilya veya mermer gibi sektörlerde kullanılan UV ışınları ile kuruma sistemlerinde de tercih edilir.

Lambaların en etkin kurutma gücü 700 saate kadar çıkabilmektedir. 700 saatten sonra lambanın UV gücü azalmakta olup uygun şartlarda 1500–2000 saat sorunsuz kullanılabilir. UV lambaların çalışma ömrü olduğu kadar açma kapama ömrü de vardır. Eğer UV lambası kısa aralıklarla yakılıp söndürülürse lambanın çalışma ömrü bu oranda kısa olur.[80] Lambalar sürekli aktif olan bir hava akımı ile soğutulursa sabit bir ısıda tutulabilmekte ve böylelikle hem kullanım ömürleri uzatılmakta, hem de mükemmel kuruma ve parlaklık sonuçları elde edilmektedir.[81]

II.5.2. UV Işınlarıyla Hazırlanan Sistemlerin Bileşenleri

UV ışınlarıyla hazırlanan koruyucu kaplama formülasyonları temel olarak reaktif oligomerler, reaktif çözücüler-çapraz bağlayıcılar ve fotobaşlatıcılar olmak üzere üç temel bileşenden oluşur.[82] Bunlarla beraber farklı amaçlar için katkı maddeleri olarak reaktif olmayan dolgu pigmentleri, yapışma arttırıcılar, yumuşatıcılar, akışkanlık ayarlayıcı ajanlar, boyalar, yüzey kayganlaştırıcılar gibi çok çeşitli kimyasal maddeler kullanılmaktadır. Tablo II.11'de UV ışınlarıyla sertleşebilen sistemlerin temel bileşenleriyle ilgili genel bir bilgi verilmiştir.

Tablo II.11 UV Işınlarıyla Sertleşebilen Sistemlerin Temel Bileşenleri

Bileşen	% Oranı	İşlevi
Fotobaşlatıcı	1-3	Serbest radikal yada katyonik başlatıcı
Reaktif Seyreltici	15-60	Film oluşumu ve viskozite kontrolü
,Reaktif Oligomer	25-90	Film oluşumu ve temel özellikler
Katkı ve Dolgu Malzemeleri	1-50	Surfaktanlar, pigmentler, stabilizatörler
Işık Kaynağı		Sertleşebilmesi için enerji gereksinimi

II.5.2.1. Reaktif Oligomerler

Polimerizasyon esnasında reaksiyonu tamamlanmamış ve molekül ağırlıkları düşük ürünlere oligomer denir.[2] Reaktif oligomerler, kaplamanın fiziksel özelliklerini ve viskozitesini belirleyen en önemli bileşendir. Düşük molekül ağırlıklı doymamış polimerler olup genellikle molekül uçlarına veya polimer zincirine asılı doymamış akrilik gruplar içerirler. Endüstride dört farklı oligomer türü kullanılmaktadır: Epoksi oligomerler, tiyol-dien oligomerler, doymamış poliester-stiren oligomerler, akrilat oligomerler.

Epoksi Oligomerler

Metal yüzeylere iyi yapışabilen, kimyasallara, korozyona ve yüksek ısıya karşı dayanımı iyidir, fakat kırılgan bir yapıya sahiptir. Yapıştırıcı sektöründe, boya sanayisinde, matbaa sektöründe, koruyucu ve dekoratif amaçlı kaplamalarda, kompozit malzemelerde bağlayıcı reçine gibi kullanım alanları mevcuttur.[83]

Tiyol-dien Oligomerler

Üstün mekanik özelliklere sahip ve yapışma problemi en aza indirilmiş kaplamalar için kullanılır. Baskı devrelerinin hazırlanmasında, PVC yer karolarının kaplamalarında ve elektronik endüstrisinde kullanılmaktadır.

Doymamış Poliester/Stiren Oligomerler

UV kaplamalarda ilk çalışmalar bu oligomer türü ile mobilya endüstrisinde dolgu verniği uygulamalarıyla başlamıştır.

Günümüzde endüstri iki tip doymamış poliester oligomer kullanmaktadır. Bunlardan ilki havanın oksijeninden etkilenenlerdir ki bu tür reçineleri oksijenin etkisinden korumak için vaks (mum) kullanılır. Vaks, stiren içinde çözünebilen düşük molekül ağırlıklı hidrokarbon oligomerlerdir. Polimerizasyon esnasında vaks, çözünürlüğü azalacağı için yukarı doğru hareket eder ve havayla olan teması keser. Diğer doymamış poliester oligomer türü ise havanın oksijeninden etkilenmeyenlerdir.

Akrilat Oligomerler

Akrilat oligomerleri sentezlemek için akrilat grupları çeşitli yöntemlerle polimer zincirine bağlanmaktadır. Zincir yapısına göre akrilat esaslı beş farklı oligomer türü vardır:

1. Akrillenmiş polyesterler

Düşük viskoziteleri ve atmosferik koşullarda gösterdikleri üstün özellikler nedeniyle UV ışınları ile sertleştirilen kaplamalarda sıklıkla kullanılmaktadır.

2. Akrillenmiş epoksitler

Hızlı sertleşen film oluşturabilmeleri ve elde edilen filmlerin üstün fiziksel özellikler göstermesi, düşük maliyetli oluşları ve kimyasal dirençlerinin yüksek olması gibi özelliklerinden dolayı geniş uygulama alanına sahiptir.

3. Akrillenmiş polieterler

Kullanılan polieterin türüne, molekül ağırlığına, taşıdığı hidroksil (OH) fonksiyonel gruplarının miktarına (% ağırlıklı) ve fonksiyonalitesine bağlı olarak çeşitli özelliklerde akrillenmiş polieterler sentezlenmektedir. Aşınma dayanımı ve esneyebilme özelliği iyi olduğundan özellikle matbaa endüstrisinde kâğıt, plastik, kauçuk gibi yüzey kaplamalarında yaygın olarak kullanılmaktadır.

4. Akrillenmiş akrilikler

Akrillenmiş akrilikler değişik bir yapıya sahiptir. Fonksiyonalitesi, kimyasal yapısı, tipi ve moleküler ağırlığı değişebilir. UV ışınlarına duyarlı kaplama malzemelerinin hazırlanmasında kullanılan reaktif seyrelticilerin türü ve miktarının değişimiyle farklı özelliklerde akrilikleri sentezlemek mümkündür. Akrilik polimerler üstün optik özellikleri ve dış hava koşullarındaki dayanıklılığı nedeni ile geniş uygulama alanı bulmuştur. Kaplama yüzeyine iyi yapışma özelliğine sahiptirler.

5. Akrillenmiş üretanlar

Akrillenmiş üretanlar yüksek performansa sahip oligomerlerdir. Bu oligomerler mükemmel parlaklığa sahiptir ve sararma yapmazlar. Bu özellik onları ahşap kaplamalar için ideal kılar. Bu tür oligomerler çok iyi fiziksel ve kimyasal özelliğe sahiptir, aşınmaya ve yırtılmayı karşı dirençlidir. Ayrıca düşük sıcaklıkta ve atmosferik şartlarda üstün özellikler gösterirler.

II.5.2.2. Reaktif Çözücüler

Reaksiyon sırasında polimer matris içinde bağlı kalarak kaplamaların özelliklerini de etkileyen çözücülere "reaktif çözücü" adı verilir. Tek ve çok fonksiyonel gruplu monomerler olmak üzere iki ana grupta toplanmaktadır. Tek fonksiyonel gruplu monomerler, oligomerin viskozitesini düşürmek amacıyla kullanılmaktadır. Bu monomerler elde edilen filmin sağlamlığını ve esnekliğini fazla etkilemez, uygulanan yüzeyi iyi ıslatarak filmin yapışmasını ve parlaklığını arttırıcı etki yapar. Çok fonksiyonel gruplu monomerler ise elde edilecek filmin kuruma hızını ve çapraz bağ yoğunluğunu arttırır; filmin sertlik, sağlamlık ve kimyasal dayanım gibi özelliklerini modifiye eder.

Reaktif çözücü seçiminde aşağıdaki faktörler gözönünde bulundurulmalıdır:

- Reaktivitesi yüksek olmalı.
- Buhar basıncı düşük olmalı.
- Zehirleyici bir etkiye sahip olmamalı.
- Çözücülük gücü yüksek olmalı.
- Düşük viskoziteye sahip olmalı.
- Ucuz olmalı.
- Kolay bulunabilmeli.

II.5.2.3. Fotobaşlatıcılar

Serbest radikal polimerizasyonunda fotobaşlatıcılar, yapılarına göre birinci tip ve ikinci tip olmak üzere ikiye ayrılır. Birinci tip fotobaşlatıcılar olarak benzoin türevleri, asetofenon türevleri ve açil oksim ester gibi yapılar kullanılır. İkinci tip fotobaşlatıcılarda ise benzofenon ve florenon gibi yapılar kullanılmaktadır.[84]

Fotobaşlatıcı seçiminde aşağıda belirtilen faktörler önemlidir.

- Fotobaşlatıcı ve parçalanma ürünleri zehirli olmamalıdır.
- Hazırlanan filmlerde sararma ve koku gibi kalıcı bozukluklara neden olmamalıdır.

- Fotobaşlatıcı konsantrasyonunun yüksek olması durumunda, gelen UV ışınlarının büyük bir bölümü film yüzeyine yakın yerlerde tutulmaktadır. Bu nedenle filmin derinliklerinde polimerizasyon tam olmamakta, bu da filmin fiziksel özelliklerini etkilemektedir.
- UV ışınlarını absorblayan pigmentler içeren filmlerin hazırlanmasında başlatıcı radikallerin oluşabilmesi için fotobaşlatıcının molar-absorpsiyon sabitinin (E) görünür bölgeden farklı olmalıdır.

II.5.3. UV Işınlarıyla Hazırlanan Kaplamaların Avantajları

- Yapısında uçucu organik solvent içermemesinden ve düşük enerji gereksiniminden dolayı kaplama, mürekkep ve yapıştırıcı üretiminde çevresel ve ekonomik avantajlar sağlayacaktır.[85]
- UV ışınlarıyla sertleşebilen kaplamalarda sertleşme, radikal mekanizma üzerinden ilerlediğinden polimer radikalleri birkaç saniye içerisinde en büyük boyutlara ulaşırlar. Bu nedenle üretim çok hızlı ve yüksek kapasitededir (proses oranı yaklaşık 2m/sn).
- Elde edilen filmler yüksek çapraz bağ yoğunluğuna sahip oldukları için fiziksel ve kimyasal dirençleri oldukça yüksektir.
- Sertleşme işlemi kısa sürede ve homojen olarak gerçekleştiğinden kaplama kalınlığında değişiklik olmaz.
- Kâğıt, plastik ve ahşap gibi birçok malzemeler ısıya karşı aşırı duyarlılıkları nedeniyle kolaylıkla deforme olmaktadırlar. Klasik sistemlerde bu tür ısıya duyarlı yüzeylerin baskı veya kaplamaları, düşük sıcaklıkta çalışan ve uzun kurutma fırınlarında yavaş bir üretim hızıyla yapılmaktadır. UV ışınları ile çalışan sistemlerde ise yüksek kapasitede ve kalitede üretim yapmak mümkündür.
- Düşük sıcaklıkta çalışma imkanı vardır. Oda sıcaklığında rahatlıkla uygulanabilir.
- Sistem basit donanımlardan oluşmaktadır. Bu nedenle bakımı ve kullanımı kolaydır.
- Kaplama sertleştikten sonra ek bir işlem gerekmez, toplam yatırım ve üretim maliyetleri düşüktür.

- Klasik kaplama sistemlerinde polimerik film oluşturucular, çözücüler ile seyreltilmektedir. Yüzey üzerinde film oluşturma işlemi, çözücünün ısı yoluyla uzaklaştırılması ile gerçekleştirilmektedir. Bazı kaplama sistemlerinde ise oluşan film, 170–180 °C gibi sıcaklıkta 20–30 dakika tutularak çapraz bağ yoğunluğu fazla olan dayanıklı kaplamalar elde edilebilmektedir. Bu işlemler için büyük ısı enerjisine gereksinim vardır. Gerçekte harcanan enerjinin büyük bir kısmı çözücüyü uzaklaştırmaktadır ve ayrıca yüzeyi kaplanacak parçalara ve havaya gereksiz ısı verilmektedir. Oysaki UV sisteminde böyle bir sorun olmayıp enerji tüketimi düşük seviyelerdedir.[86]
- Yanma geciktirici ajanlar gibi farklı ilavelerle çok değişik yapılarda kaplamalar elde edilebilmektedir.
- Yüksek sıcaklığa hassas plastikler (PMMA, PET… gibi) 100 °C'nin altında termal olarak sertleştirildiğinde zayıf sonuçlar ortaya çıktığından dolayı UV ışınlarıyla sertleştirilerek kaplanırlar. Böylesi kaplama malzemeleri ön işlem yapılmaksızın daha kısa kür zamanı ve iyi yapışma gibi avantajlara sahiptir.[87]

II.5.4. UV Işınlarıyla Hazırlanan Kaplamaların Sorunları

- Bazı pigmentlerin UV ışınlarını kuvvetli bir şekilde absorblaması veya yansıtması, pigment oranı yüksek malzemelerin UV ışınları sistemi ile hazırlanmasında güçlüklere neden olmaktadır. Bu tip filmlerin hazırlanmasında filmlerin yüzeylerinin kurumasına karşılık UV ışınlarının derine inememesi nedeni ile iç kısımlarda yeterli kuruma olmamaktadır.
- İstenilen viskoziteyi sağlamakta çeşitli sorunlar ortaya çıkabilmektedir. Bu da kaplamanın özelliklerini etkileyebilir.
- Bu sistemde kullanılan akrilat esaslı monomerler zehirleyici etkiye sahiptir.
- UV ışınlarının gözlere zarar vermesinden dolayı kaplama yüzeyine uygulanması esnasında çıplak gözle bakılmamalı.[88]

II.5.5. UV Işınlarıyla Hazırlanan Kaplamaların Kullanım Alanları

İlk UV ışınlarıyla yapılan uygulamalara ahşap mobilya sektöründe dolgu verniğiyle başlanmış olup günümüzde de bu uygulama devam etmektedir. UV ile sertleşebilen vernikler, yüzeyi ve yüzeye yapılan baskıyı korumak ve parlaklık vermek amacıyla dekoratif ve korozyon önleyici kaplama olarak kullanılmaktadır.

UV sertleşmeli laklar, baskı ve lak tekniğinin hemen hemen her alanında kullanılmaktadır. Yüzeydeki lak, hem baskı tabakasını korur hem de parlaklık verir. Bilinen diğer laklara karşın UV sertleşmeli laklarla aşınma dayanımı iyi, sert ve yüksek parlaklıkta bir yüzey elde edilebilir, öyle ki bir kaplamadan sözetmek mümkündür. Parlaklık oluşumu tabaka kalınlığına bağlı olup en uygun parlaklığa 3–4 g/m^2 lak miktarı ile ulaşılır. Düşük viskoziteli lakların parlaklıkları daha yüksektir.[89]

UV teknolojisi baskı işlemlerinde büyük bir esneklik, kolaylık ve baskı yüzeyine mükemmel tutunma sağlayarak en üst seviyede baskı kalitesini arttırmaktadır.[90] Solvent bazlı mürekkepler, hem yapısındaki uçucu organik maddelerden dolayı hem de her malzeme için uygulanamadığından dolayı tercih edilmemektedir. UV mürekkepler en çok malzeme çeşitleri üzerine baskı yapılmasına olanak sağlayan mürekkep sistemidir. Flekso, litografik, elek ve kitap baskıları için yaygın olarak kullanılmaktadır.[91] Kağıt, vinil, kumaş ve ince plastik gibi esnek yüzeylere; köpük panolar, sert plastikler gibi genelden metal, cam, tahta ve diğer malzemeler gibi özele yayılan sert materyaller üzerine doğrudan baskı yapmak için uygundur.[92]

UV mürekkepler, optimal dayanım özelliklerini kısa süre içerisinde kazanabilmektedir. Su ve kimyasal maddelere karşı mükemmel derecede dayanım özelliğine sahiptir; buhar sterilizasyonundan etkilenmez ve alkali asitler, yağ, gres ve solventlere karşı dayanımı oldukça iyidir. Isı dayanımı, baskıda kullanılan mürekkebin miktarına ve sertleşme mekanizmasına bağlı olarak 2 bar basınç altında 1 saniye süreyle 200–400 °C sıcaklığa dayanabilmektedir.[93]

Otomotiv endüstrisinde UV teknolojisi ile yapılan kaplamalar oldukça yaygın olarak kullanılmaktadır. Kaplamanın üstün fiziksel özellikler göstermesi, tüm karmaşık şekilli parçalar için uygulanabilirliği ve en az enerji ile kaplamanın yapılabilmesi otomotiv sektöründe tercih edilmesine sebep olmuştur. Bugün sektörde robotik UV kaplama uygulamaları ile kaplama yapılmaktadır.[94,95]

Pleksiglas ve polikarbonat gibi polimerik malzemeler üstün optik özelliklere sahip olmalarına rağmen genellikle atmosferik ortamda bulunan tozların neden olduğu çizilme ve aşınmanın yanısıra çeşitli temizlik malzemelerinin içerdiği kimyasallardan ve aşındırıcılardan da olumsuz etkilenmekte ve zaman içinde kendilerine özgü üstün optik özelliklerini kaybedebilmektedirler. UV ışınlarıyla sertleşebilen sol-jel kaplama yöntemi kullanılarak bu tür malzemelerin yüzeyinin dış etkenlerden en az etkilenmeleri sağlanır.[96]

UV ile sertleşebilen yapıştırıcı türleri havanın oksijeninden etkilenmezler. -60 ile +180 °C sıcaklık aralığında kullanılabilen yapıştırıcı çeşitleri vardır. Aynı zamanda yapıştırıcılar, titreşim ve darbelere karşı üstün özellikler sergilerler. Farklı yapıları (metal-polimer gibi) laminer (çok katlı) halde birleştirmek mümkündür. Emniyet camları bu yöntemle yapılmakta olup darbelere karşı oldukça dayanıklıdırlar.[97,98] Ayrıca farklı medikal uygulamalar için UV ile sertleşebilen bioyapıştırıcılar tıp alanında yaygın olarak kullanılmaktadır.[99]

UV ile sertleşebilen polimerler, diş dolgu malzemesi olarak da sıklıkla kullanılmaktadır. Dolgu olarak hazırlanan fotopolimerin uygun bir bioyapıştırıcı kullanılarak dişe yapıştırılmasıyla (yapıştırıcının çapraz bağlanmasıyla) tatbik edilir. Kompozit reçinenin çekme oranını azaltmak için içerisine silika dolgular ilave edilir.[100]

UV ile sertleşebilen metal-polimer nanokompozit filmler ile hafif, yüksek dayanım ve ısı direncine sahip, koku ve hava geçirmeyen, uzun süre tazeliğin korunduğu akıllı gıda ambalajları geliştirilmiştir. Nanomalzeme ile yapılandırılmış polimerler UV ile kür edildiğinde çok güçlü ve dayanıklı filmler elde edilmektedir. Bu tür mekanizma ile oksijen absorblayıcı antimikrobiyel filmler, gaz geçirgenliği olan filmler, ambalajın içindeki kirli havayı dışarı atabilen filmler, kir ve bakteri tutmayan filmler gibi UV ile sertleşebilen metal-polimer nanokompozit filmler geliştirilmiştir. Nanoteknolojik bariyer kaplamalar ya da akıllı ambalaj malzemeleri olarak da adlandırılan bu sistemde, film içinde disperse edilen nanoparçacıklar oksijen, karbondioksit ve nemin gıdaya geçmesini önleyecek önemli bir engelleyici katman oluştururlar. Bununla beraber bu nanoyapılar malzemenin hafif, yırtılmaz ve yüksek ısıl dirençli olmasını sağlar.

UV sistemi endüstride çok yaygın bir şekilde kullanılmakta olup elde edilen ürünler bu sistemin endüstri için ne kadar değerli bir araç olduğunu ispatlamıştır.[101]

II.5.6. UV Kaplamaların Geleceği

Çevreye ve insan sağlığına dayalı teknoloji alanlarından biri de UV ışınları ile sertleşebilen kaplama teknolojisidir.

UV ışınlarıyla sertleşebilen kaplama yöntemleri, toz kaplama tekniğinde de kullanılmaktadır. Toz haldeki malzemenin yüzeye yayılması için IR (infrared) enerji kaynağı kullanılırken, polimerizasyonu gerçekleştirmek için de UV enerji kaynağı kullanılmaktadır. Burada UV ışınlarının etkisiyle fakat iki ayrı mekanizma ile sertleşebilen ve literatürde "hibrid kür" olarak isimlendirilen yöntemde iki farklı fotobaşlatıcı (katyonik-radikal gibi) kullanılarak polimerizasyon gerçekleştirilmektedir. Bu yöntemde özellikle toz teknolojisinde uygulanmakta olan fırınlama sistemi yerine UV ışınları kullanılacağı için enerji tüketimi de en aza inecektir. Bu yöntemle % 20-25'lik bir termal enerji kazancının olduğu bilinmektedir. Ayrıca "corona" ve "tribo-gun" teknikleriyle özellikle plastik ve kağıt gibi hassas yüzeylerde uygulama avantajlarına sahip olmasının yanında köşeli ve şekilli yüzeylerde uygulama kolaylıkları sağladığı için bu teknoloji büyük önem kazanacaktır.

Geleceğin baskı teknolojisinin UV üzerine olması beklenmektedir. Matbaa sektöründe solvent bazlı mürekkepler yerine UV mürekkepler giderek yaygın bir şekilde kullanılmaya başlanmıştır. Bugün flekso baskı makinelerinde UV teknolojisiyle sekiz renk baskı yapılabilmektedir. UV teknolojisi ile baskıda kalite yükseltilmekte olup makinenin boşta bekleme süresi, temizlenme süresi kısadır. Daha az mürekkep kullanılarak yüksek oranda baskı kalitesi elde edilmesi, üretim ortamında kirliliğin azaltılması ve hijyenin gelişmesi söz konusudur. UV kurutmalı mürekkep kullanılan makine istenildiği zaman durdurulabiliyor, çünkü mürekkebin kuruması gibi bir problem sözkonusu değildir. UV makinede baskıya bir hafta ara verildikten sonra bile herhangi bir zorluk olmadan yeniden baskıya geçilebiliyor.

Ambalaj sektöründe hızla büyümekte olan UV kurutmalı sistemler, gelecekte laminasyonun yerini alacaktır. Bu kapsamda UV kürlendirmeli metal-mineral nanokompozitler geliştirilmektedir. Çizilme direnci çok yüksek olan UV kaplamalar organik solvent içermemesi, birkaç saniyede kürlenmenin sağlanması ve prosesin basit olması nedeniyle pek çok avantaj getirmektedir.[102]

II.6. KORUYUCU KAPLAMALARIN KARAKTERİZASYONU

II.6.1. Kaplama Öncesi Yüzeye Uygulanan Korona İşlemi

Yüzey hazırlama teknolojileri içerisinde endüstride en çok rağbet göreni, korona yöntemi olmuştur.[103] Pratikte korona işlemi, levhaların yüzey işlemi proseslerinde yaygın bir şekilde kullanılmaktadır. Bu işlem; polimerik filmler ve levhaların, alüminyum levhaların, kağıt ve kartonların baskı, laminasyon veya kaplama işlemlerine tabi tutulmadan önce yüzeyini modifiye ederek yüzeyin ıslanabilirlik, yapışabilirlik ve baskılanabilirlik gibi kabiliyetlerini arttırmak amacıyla kullanılan ve tek basamaklı basit bir yöntemdir.[104] Diğer bir tanımla korona işlemi, flekso baskıda baskı mürekkeplerinin ve sentetik/metal yüzeylere kaplama maddelerinin tutunmasını sağlamak amacıyla yüzeye elektron bombardımanı uygulama tekniğidir.[105] Bu yüzey işlemiyle baskı yapılacak, lamine edilecek veya kaplanacak tabakalar arasında yapışma artacaktır. Bu da işçilik kalitesinin ve proses hızının artmasına sebep olacaktır. Bu yüzden bu teknik mürekkep, lak, yapıştırıcı gibi malzemelerin yüzeye iyi yapışması açısından çok önemlidir.

Korona işleminin bir sonraki işlem için uygun olarak yapılabilmesi aşağıdaki faktörlere bağlıdır:

1. Korona şiddeti
2. Hat hızı
3. Malzeme tipi
4. Yüzeyin fiziksel özellikleri
5. Üretim ortamındaki sıcaklık ve nem seviyesi

2.6.1.1. Korona Yöntemi

Korona, iki elektrod arasındaki havanın iyonizasyonu ile sağlanır. Elektrodlara yüksek voltaj uygulanır ve yüksek frekanstaki akım levha yüzeyine boşaltılırken bir yandan da ışık veren bir radyasyon üretilir. Oksijen ve nitrojen radikalleri ve sınırlı sayıdaki elektronlar elektriksel alanda hızlandırılarak polimerik yüzeye enerjilerini aktarırlar.[106]

İyonlar kinetik enerjilerine bağlı olarak yüzey 10 mm derinliğe kadar girer. Bu iyonlar, yüzey malzemesinin polimerik zincirlerine etki ederek korona prosesinin yan ürünleri olan peroksit, keton, karboksil ve oksijen bileşiklerini oluştururlar.

Atmosferik havanın nüfuz etmesi ve iletken plazmanın oluşabilmesi için gereken akım, elektrodlar arasındaki boşluğun miktarına bağlıdır. Akım belli bir seviyeye ulaştığında hava iyonize olarak iletken hale gelir ve bu noktadan itibaren akım adım adım düşer. Bu esnada karakteristik bir mor renge sahip ark ışığı oluşur.

Şekil II.22'de korona işleminin yapıldığı cihaz ve Şekil II.23'de ise korona işleminin mekanizması görülmektedir.

Şekil II.22 Korona Cihazı

$$\text{H–C} \xrightarrow{\textbf{korona}} \dot{\text{C}} \xrightarrow{\textbf{O}_2\textbf{ (havada)}} \text{C–O–O}^{\bullet}$$

Şekil II.23 Korona İşleminin Mekanizması

II.6.2. Kaplamalara Uygulanan Testler

Koruyucu filmlerin fiziksel özelliklerini belirlemek için iki tip numune hazırlanabilir. Üretim sırasında kalite kontrolü için yapılan testlerde yüzeyleri filmle kaplanmış örnekler kullanılabilir ya da filmin fiziksel özelliklerini daha ayrıntılı incelemek için serbest film numuneleri hazırlanabilir. Deney sonuçlarının anlamlı olması için filmlerin homojen olarak hazırlanması ve kalınlığının her yerde aynı olması gereklidir. Ayrıca hazırlanan numunelerin UV ışınları ile tamamen sertleştirilmiş olması gerekir.

II.6.2.1. Kaplanmış Yüzeylerde Yapılan Testler

Sarkaç Sertliği (Pendulum Hardness)

Kaplanmış yüzeyler için yapılan temel testlerden biri sertlik testidir. Sert filmler yüksek çekme dayanımı ve yırtılma direnci gösterdiğinden koruyucu kaplamalarda film sertliği önemli bir kriterdir.

Sarkaç yöntemi, sertlik yönteminde kullanılan oldukça eski bir yöntemdir. Bu yöntem ile film üzerinde salınım hareketi yapan sarkacın salınımının belli bir dereceye kadar sönmesi için gerekli süre ölçülmektedir. Test yüzeyinin yumuşak oluşu, salınımları çabuk söndürürken sert yüzeylerde salınım daha uzun sürecektir.[107] Sonuçlar könig veya persös cinsinden verilmektedir.

Bant Yapışma Testi (Tape Adhesion Test)

Kaplamanın yüzeye yapışma özelliği, yüzeyde oluşan filmin yüzeyden koparılması için gerekli olan kuvvet olarak tanımlanmaktadır.

Yapışmadaki bozukluklar malzeme yüzeyinde, film yüzeyinde veya filmin içinde meydana gelebilir. Yapışma özelliğini bozan etkenler; kalın film tabakası, kaplanacak malzemenin yüzeyindeki kirlenmeler, polimerizasyon esnasındaki fazla büzülmeler ve kaplamanın içerisinde yer alan gözenekler olarak sıralanabilir.

Bant yapışma testi, kaplamanın bulunduğu yüzey üzerine (çapraz kesme cihazı) cross-cut aracılığıyla birbirini dik açıyla kesen eşit aralıklı paralel çizgilerin çizilip ardından çizilen yerlere yapışkan bir bant yapıştırılarak bantın belirli açıda ve hızda çekilmesi ile yapılır ve yapışma özelliği, yüzeyden kopan film karecikleri sayısı ile belirlenir (Şekil II.24).

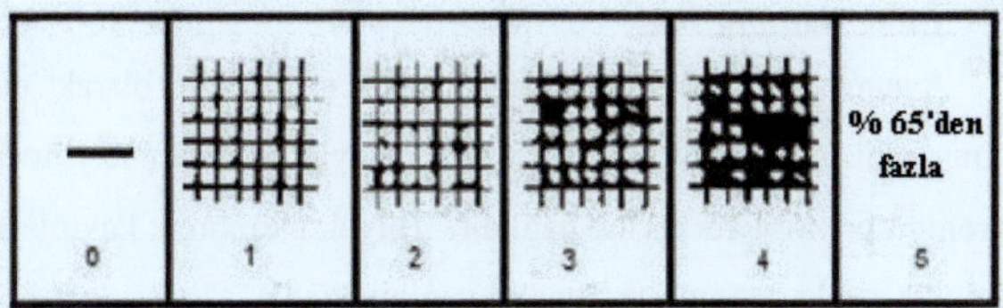

Şekil II.24 Çapraz Kesilmiş Kaplamalarda (Cross-Cut) Yapışma Dereceleri

Yapışma dereceleri aşağıda verilmiştir.

0 = Köşelerde sökülme hiç yok.

1 = Köşelerde %5 oranında sökülme var.

2 = Köşelerde %5-%15 oranında sökülme var.

3 = Köşelerde %15-%35 oranında sökülme var.

4 = Sökülme %35-%65 oranında.

5 = Sökülme %65'den çok.

Kalem Serliği (Pencil Hardness)

Kalem sertliği, kaplama yüzeyinin kurşun kalemle çizilmesiyle yüzeyde oluşan gerilmeye bağlı olarak yüzey sertliğini ifade eden basit ve çabuk bir yöntemdir. Farklı sertlikteki kurşun kalemler, kaplanmış yüzeyin üzerinde 45°'lik bir açıyla hareket ettirilir. Yüzeye uygulanan güç sabit olup 7,7 Newton'dur. Yüzeye zarar veren en yumuşak şertlikteki kalemin derecesi, o kaplamanın sertliğini verir. Kalemler 1 H'dan 6H'a kadar farklı sertliktedirler.

Kaplanmış Yüzeye Metil Etil Keton Ovma Testi (MEK Rubbing)

MEK testi, kaplamanın kuruma derecesini (curing degree) ve solvente karşı dayanımını belirlemek için kullanılır. Test, ASTM D-4752 standardına göre yapılır. Test, kaplanmış yüzeyin MEK ile nemlendirilmiş standart bir bez parçası ile kaplamada aşınmanın başladığı yere kadar ovulması esasına dayanır.[108]

Kimyasallara Karşı Dayanım

Bu testte; solventler , asitler ve bazlar kaplamaya damlatılarak belli bir süre sonra fiziksel görünümü ve ağırlık kaybı gibi özellikleri incelenelenir.

Taber Aşınma Testi

Aşınma, sürtünen yüzeylerde malzeme kaybı olarak tanımlanır. Aşınma miktarı malzemenin türüne, sürtünen yüzeylerin biçimine, sürtünme koşullarına ve çevrenin kimyasal etkilerine bağlıdır. Büyük ekonomik kayıplara neden olduğundan dolayı üzerinde yoğun araştırmalar yapılmaktadır.

Genellikle plastiklerde malzeme kaybına neden olan dört tür aşınma vardır:

1. Yapışma (adhezyon) aşınması: Yükün etkisi altında pürüzlü yüzeylerden oluşan temas alanında çok büyük basınçlar meydana gelmekte ve bazı temas alanlarında mikroskobik seviyede kaynak bağları oluşmaktadır. İzafi hareket sırasında bu bağlar kopar. Bağların kopması için gereken kuvvet, sürtünme kuvvetini temsil eder; bağların kopmasında meydana gelen malzeme kaybı ise yapışma aşınmasını oluşturur. Adhezyon aşınma en yaygın aşınma çeşididir.

2. Aşındırıcı ile aşınma (abrazyon aşınması): Yüzeyler arasına dışarıdan giren toz, talaş vb. gibi sert parçacıkların etkisi altında meydana gelen aşınma çeşididir.

3. Korozyon aşınması: Çevrede bulunan bazı maddelerle kimyasal reaksiyon sonucu meydana gelen aşınma çeşididir.

4. Yorulma aşınması: Temas yüzeylerinin yorulması sonucu oluşan aşınmadır.

Ahşap, kauçuk, kağıt, tekstil ürünleri ve kaplama malzemeleri için özel aşındırıcı diskler kullanılır. Bu amaçla geliştirilen Taber aşınma makinesinde yatay bir tabla üzerinde deney numunesi sabitlenir. Malzeme türüne göre seçilen bir çift aşındırıcı disk, numune üzerine belirli bir yükle bastırılır. Bir çift diskin bir düşey eksen etrafından yatay tabla üzerinde döndürülmesiyle numunelerde belirli bir süre sonunda meydana gelen ağırlık azalması ölçülür.

II.6.2.2. Serbest Film Üzerinde Yapılan Testler

Çekme Deneyi (Gerilme-Şekil Değiştirme Testi)

Kaplama formülasyonlarından hazırlana serbest filmin mekanik özelliklerini tespit etmek için en çok kullanılan testlerden biri çekme deneyidir ve "gerilme-şekil değiştirme testi" olarak da adlandırılır. Çekme deneyi, kaplamanın dayanım ve uzama karakteristikleri hakkında bilgi veren bir yöntemdir. Bu test, standart boyutlarda hazırlanan serbest film örneklerine uygulanmaktadır.

Çekme deneyi; standartlara göre hazırlanmış deney numunesinin aynı eksende, belirli bir hızla ve sabit bir sıcaklıkta numuneye dik olarak uygulanan bir kuvvet ile numunenin kopuncaya kadar çekilmesi esasına dayanır. Sıcaklık ve numuneyi çekme hızı, test sonuçlarını etkileyen en önemli faktörlerdir[21,23].

Çekme gerilmesi; maksimum yükün, numunenin orijinal kesit alanına oranıdır ve birimi kgf/cm^2'dir. Aşağıdaki bağıntı ile hesaplanır:[109]

$$\sigma_ç = \frac{F_{max}}{A_0}$$

$\sigma_ç$: Çekme gerilmesi

F_{max} : Uygulanan maksimum kuvvet

A_0 : Orijinal kesit alanı

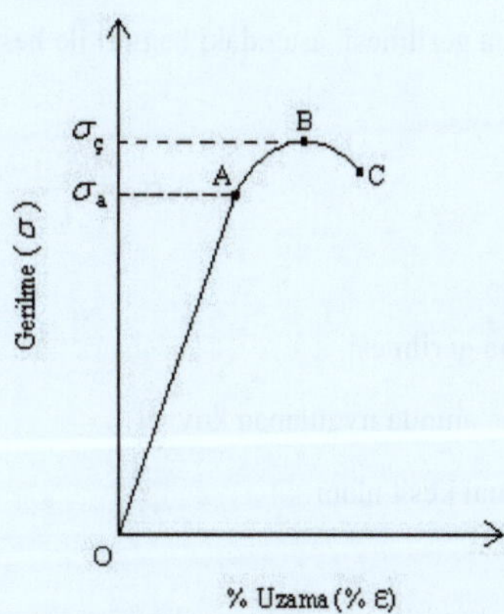

Şekil II.25 Gerilme - % Uzama Grafiği

Şekil II.25'de görüldüğü gibi OA lineer bir doğrudur. OA bölgesine malzemenin elastik bölgesi denir. Bu ilk doğrusal kısmın eğimine ise "Elastisite Modülü" veya "Young Modülü" denir. Çekme diyagramında elastisite modülünün hesaplandığı elastik bölgede Hook Kanunu geçerlidir. E, malzemenin rijitlik ölçümüdür.

$$\sigma = E.\varepsilon \quad \text{(Hook Kanunu)}$$

E : Elastisite modülü

ε : Uzama miktarı

Elastisite modülü ile esneklik ters orantılıdır. Elastisite modülü arttıkça esneklik azalır, elastisite modülü azaldıkça esneklik artar.

Malzemenin sıcaklığı arttıkça elastisite modülü azalır.

B noktasında meydana gelen maksimum gerilme, malzemenin çekme gerilmesidir.

A noktasına kadar malzeme elastik şekil değişimi gösteriyor iken A noktasından itibaren deformasyon, plastik şekil değişimi olarak devam eder. Deformasyonun elastik bölgeden plastik bölgeye geçtiği bu noktaya "akma noktası" denir. Bu noktaya tekabül eden gerilme miktarı ise "akma gerilmesi" olarak tanımlanır. Akma gerilmesi, aşağıdaki bağıntı ile hesaplanır:

$$\sigma_a = \frac{F_a}{A_0}$$

σ_a : Akma gerilmesi

F_a : Akma anında uygulanan kuvvet

A_0 : Orijinal kesit alanı

B noktasından itibaren malzeme boyun vermeye başlar ve C noktasına kadar bu olay devam eder. C noktasında ise malzeme kopar. İşte bu noktaya "kopma noktası" ve bu noktada oluşan gerilmeye ise "kopma gerilmesi" denir. Kopma gerilmesi, aşağıdaki bağıntı ile hesaplanır:

$$\sigma_k = \frac{F_k}{A_0}$$

σ_k : Kopma gerilmesi

F_k : Kopma anında uygulanan kuvvet

A_0 : Orijinal kesit alanı

Numunenin uzama miktarının, orijinal uzunluğa oranının % olarak ifadesi "% uzama" olarak tanımlanmaktadır ve aşağıdaki bağıntı ile hesaplanır:

$$\%\varepsilon = \frac{L_k - L_0}{L_0} \cdot 100$$

$\%\varepsilon$: % uzama

L_k : Koptuktan sonraki ölçü uzunluğu

L_0 : Başlangıçtaki ölçü uzunluğu

Numunenin koptuktan sonraki kesit alanındaki küçülmenin, başlangıçtaki orijinal kesit alanına oranının % olarak ifadesi "% kesit daralması" olarak tanımlanır ve aşağıdaki bağıntı ile hesaplanır:

$$\%r = \frac{A_0 - A_k}{A_0} \cdot 100$$

$\%r$: % kesit daralması

A_k : Numunenin kopma bölgesindeki alanı

A_0 : Numunenin orijinal kesit alanı

% uzama ve % kesit daralması, bizlere malzemenin sünekliği hakkında bilgi verir. Eğer kesit daralması % 10'un altında ise o malzeme gevrek, % 50'nin üstünde ise o malzeme sünektir.

<% 10 : Gevrek

% 10-30 : Gevreğe yakın

% 30-50 : Süneğe yakın

>% 50 : Sünek

Carswell ve Nasan'a göre polimerlerin gerilme-şekil değiştirme eğrileri aşağıda gösterildiği gibi 5 grupta toplanmaktadır (Şekil II.26):[110, 111]

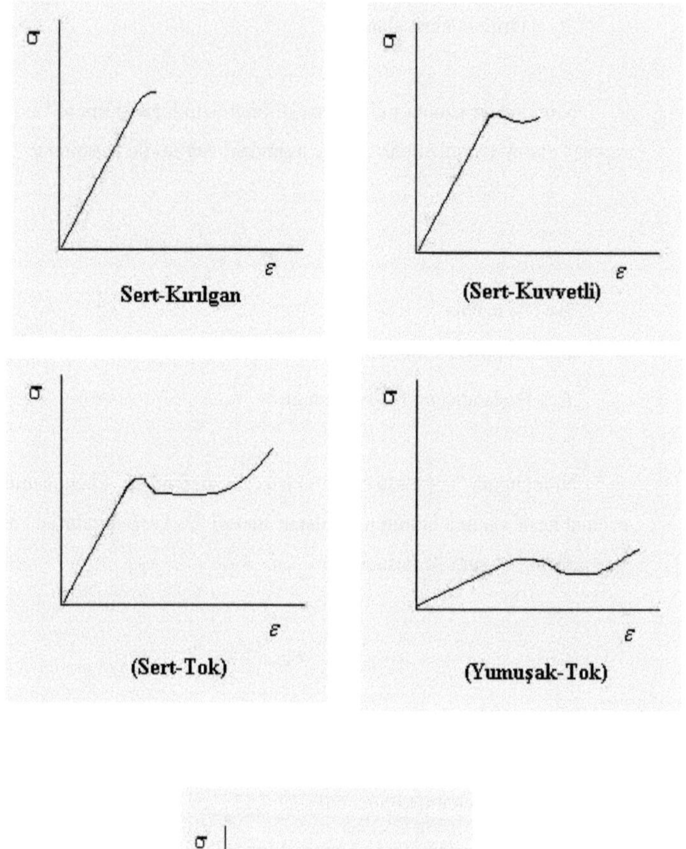

Şekil II.26 Polimerlerin Gerilme-Şekil Değiştirme Eğrileri

Gerilme - Şekil Değiştirme eğrileri sonucunda ortaya çıkan özellikler Tablo II.12'de belirtilmiştir.[112]

Tablo II.12 Gerilme-Şekil Değiştirme Eğrileri Sonucunda Ortaya Çıkan Özellikler

Mekanik Davranış	**Elastik Modül**	**Akma Verimi**	**Kopmada Gerilim Direnci**	**Kopmada uzama yüzdesi**	**Örnek polimerler**
Yumuşak-zayıf	Düşük	Gözlenmeyebilir çok düşük	Düşük	150	Kauçuk ve Türevleri
Yumuşak-tok	Düşük	Gözlenmeyebilir çok düşük	Düşük	500	Kauçuk ve plastifiyanlı PVC türleri
Sert-kuvvetli	Yüksek	Yüksek	Yüksek	5	PS
Sert-tok	Yüksek	Yüksek	Yüksek	300	Yarı kristal polimer
Sert-kırılgan	Yüksek	Yok	Yüksek	Çok az	Termoset polimerler

Aşağıda yarı kristalin polimerlerin gerilme-şekil değiştirme eğrisi örnek olarak verilmiştir (Şekil II.27).[113]

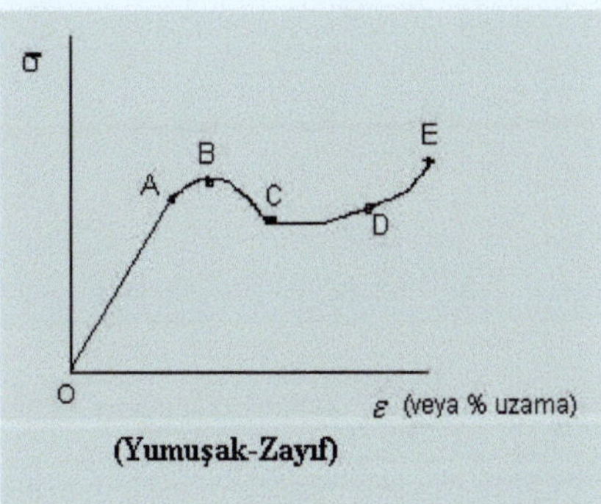

Şekil II.27 Yarı Kristalin Polimerlerin Gerilme-Şekil Değiştirme Eğrisi

O-A : Gerilim direnci uzama ile artmıştır ve düzgün doğrudur. Bu davranış elastik deformasyondur. Doğrunun eğimi elastik modülü verir.

A-B : Gerilim direnci (σ), gerilimin artmasına karşın azalmıştır ve bu değer B noktasında maksimuma ulaşmıştır. Dolayısıyla eğim daha azdır. Plastik deformasyon veya akma bu aralıkta başlamıştır. B noktası ise polimerin akma verimidir.

B-C : Polimerde boyun oluşmasının olduğu bölgedir. Plastik deformasyon ve akma, boyun üzerinden çekme sürdükçe devam eder. Bir polimer çubuğun çekilmesinde boyun oluşması ile birlikte her bölgeye karşılık gelen boyun değişiklikleri Şekil II.28'de gösterilmiştir. Boyun oluşmasının tamamlanması C noktasında biter.

C-D : Gerilim direnci hemen hemen sabittir. Bu aralıkta polimer zincirleri, oluşan boyundan birbirleri üzerinde plastik akma gösterirler. Uzama devam ettiği sürece zincirler çekilme doğrultusunda yönlenirler. Bu tür işleme soğuk çekme veya soğuk akma denir. D noktasında daha düzenli bir hal alır.

D-E : Soğuk çekmenin veya plastik akmanın bittiği ve deformasyon sertleşmesi sonucu polimerde gerilim direncinin hızla artığı bölgedir.

E : Polimer E noktasındaki uzamada ve yüksek bir gerilim direncinde kopar.

BÖLÜM III

DENEYSEL ÇALIŞMALAR

III.1. KULLANILAN MALZEMELER

Polikarbonat Levhalar

Sol-jel yöntemiyle hazırlanan organik-inorganik hibrid kaplama formülasyonları, sergileyecekleri performansı belirlemek amacıyla polikarbonat levhalar üzerine kaplandı. Bu amaçla Birleşik Akrilik Sanayii'nden temin edilen 1 mm kalınlığındaki polikarbonat levhalar 70 mm x 100 mm boyutlarında kesildi. Ayrıca polikarbonat levhalardan aşınma testi için 11 mm çapında numuneler de kesilmiştir. Kullanım öncesi oluşabilecek herhangi bir aşınmanın olmaması için polikarbonat levhalar üretici firma tarafından geçici olarak koruyucu polyester film ile kaplanmıştır.

III.2. KULLANILAN KİMYASAL MADDELER

Irgacure 184 (1-Hidroksi-siklohekzil-fenil-keton, Radikalik Fotobaşlatıcı)

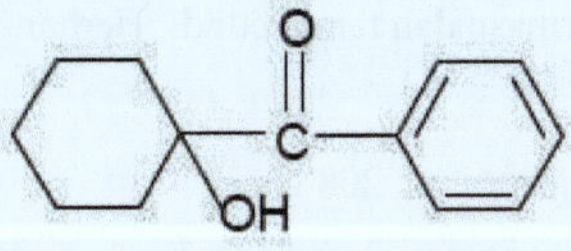

O
C
OH

Ciba Specialty Chemicals firmasından tedarik edildi. Herhangi bir işlem yapılmadan kullanıldı.

Kapalı formülü : $C_{13}H_{16}O_2$ Molekül ağırlığı : 204 g/mol

Erime noktası : 45-49 °C

Polyester akrilat oligomer (Ebecryl 584)

UCB Radcure firmasından temin edildi. Herhangi bir işlem yapılmadan kullanıldı.

3-İzosiyanato propil trimetoksisilan (ICPTMS-% 99)

$$OCN-CH_2-CH_2-CH_2-Si(OMe)_3$$

Wacker firmasından temin edildi. Herhangi bir işlem yapılmadan kullanıldı.

Molekül ağırlığı : 205 g/mol Kaynama noktası : 210 °C

Tetraetoksisilan (TEOS)

$$CH_3CH_2O-Si(OCH_2CH_3)_3$$

Wacker firmasından temin edildi. Herhangi bir işlem yapılmadan kullanıldı.

Molekül ağırlığı : 208 g/mol

Fotomer 4072 (Trimetilolpropan Propoksi Triakrilat)

BASF firmasının Türkiye distribütörlüğünden temin edildi. Herhangi bir işlem yapılmadan kullanıldı.

Hekzandiol diakrilat (HDDA)

AGI Corporation firmasından temin edildi. Herhangi bir işlem yapılmadan kullanıldı.

Kapalı formülü : $C_{12}H_{18}O_4$ Molekül ağırlığı : 226.27 g/mol

Viskozite (25 °C) : 5 ~ 10 cps

Hidrokinon (HQ)

Merck firmasından temin edildi. Herhangi bir işlem yapılmadan kullanıldı.

Kapalı formülü : $C_6H_6O_2$ Molekül ağırlığı : 110.11 g/mol

Paratoluen sülfonik asit (PTSA)

Merck firmasından temin edildi. Herhangi bir işlem yapılmadan kullanıldı.

Kapalı formülü : $C_7H_8O_3S.H_2O$ Molekül ağırlığı : 190.22 g/mol

Yoğunluğu : 0.975 g/ml Saflığı : % 98

Dibütiltin Dilaurat (DBTDL, T12 Katalizör)

Henkel firmasından temin edildi. Herhangi bir işlem yapılmadan kullanıldı.

Molekül ağırlığı : 632 g/mol Kaynama noktası: 22-24 °C

Kullanılan Çözücüler

Deneysel çalışmaların çeşitli aşamalarında değişik amaçlar için MEK (metil etil keton), metanol, etanol, aseton gibi çözücüler herhangi bir işlem uygulanmadan kullanıldı.

III.3. KULLANILAN CİHAZ ve ALETLER

FT-IR Spektrofotometre Cihazı

Shimadzu marka 8300 model FT-IR spektrofotometre cihazı kullanıldı.

Cam Kalıp

Şekil III.1'de görülen 150 mm x 100 mm x 5 mm ebatlarındaki cam kalıp üzerinde 50 mm x 10 mm boyutlarında 1 mm derinliğinde bölmeler yapılmıştır. Hazırlanan kaplama formülasyonlarının filmlerinden bu kalıp yardımı ile test numuneleri hazırlanmıştır.

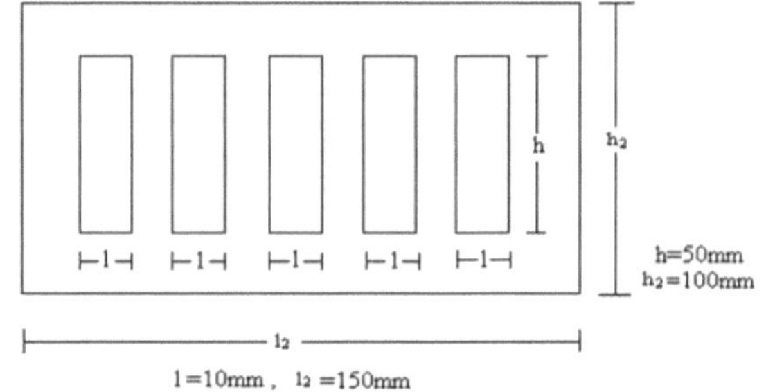

Şekil III.1 Serbest Film Hazırlamak İçin Kullanılan Cam Kalıp

Yaş Film Uygulama Aparatı (Aplikatörler)

Hazırlanan kaplama formülasyonlarını polikarbonat levhalar üzerine istenilen kalınlıkta ve homojen olarak uygulayabilmek amacıyla aplikatör kullanıldı. İstenilen film kalınlığına göre 15μ, 30μ, 40μ , 50μ ve 60μ'luk aplikatörler kullanılmaktadır. Sol-jel kaplamaların polikarbonat levha yüzeyine yayılmasında 30μ'luk aplikatör kullanıldı.

UV Lambası

Kuvarz cam, yüksek basınçlı civa ark tüpü ve tungsten filamentten yapılmış Osram firmasına ait Ultrawit 300 markalı, 300 Watt gücünde UV lambası kullanıldı (λmax:360 nm).

Laboratuar Tipi UV Kurutma Makinası

Polikarbonat levhalar üzerine uygulanan kaplamaların sertleştirilmesi, EMA Endüstriyel Makine Sanayii ve Ticaret Limited Şirketi'nde yapılan laboratuar tipi UV kurutma makinesi ile gerçekleştirildi.

Makinenin özellikleri:

UV Lambası: 120 W/cm gücünde orta basınçlı civa ark lambası

Reflektör: Özel dizayn edilmiş parabolik alüminyum reflektör.

Kontrol Paneli: Lamba saat-metre, güç arttırıcı, kontrol butonları ve konveyör hız ayarlayıcı

Lamba Gücü: 3,3 kw

Giriş Voltajı: 3 faz, 380 Volt, 50 Hz

Soğutma: Havayla

Termal Gravimetrik Analiz Cihazı (TGA)

Farklı kompozisyonlarda hazırlanmış hibrid kaplama malzemesinin termo-oksidatif kararlılığını belirlemek amacıyla NETZCH marka termal gravimetrik analiz cihazı kullanıldı.

UV Spektrofotometre Cihazı

Shimadzu marka 1601 model UV spektrofotometre cihazı kullanıldı.

Çekme Cihazı

UV ile sertleştirilen serbest filmlerin mekanik özellikleri, standart çekme deneyi ile belirlendi. Bu deney Zwick marka Z010/TN2S model test cihazının kullanımı ile oda sıcaklığında 5 mm/dak hızla yapıldı. Yapılan deney neticesinde filmlerin elastiklik modülü (E), maksimum çekme gerilmesi (σ) ve kopma uzaması (ε) ölçüldü.

Taber Aşınma Cihazı

Taber 5135 Rotary Platform Abraser model aşınma cihazı kullanıldı.

Sarkaç Sertlik Cihazı (Pendulum Hardness Tester)

BYK Gardner marka sarkaç sertlik ölçme cihazı kullanıldı.

Çapraz-Kesme Testi Cihazı (Cross-Cut Adhesion Tester)

BYK Gardner marka çapraz-kesme yapışma testi cihazı kullanıldı.

Kalem Sertliği Test Aparatı

1 H'dan 6 H'a kadar değişik sertliklerde kalemler ve levha yüzeyini çizmek için bu kalemlerin takıldığı bir aparat kullanıldı.

III.4. DENEYSEL YÖNTEMLER

Bu çalışmanın ilk aşamasında Irgacure 184 ile ICPTMS coupling ajanı reaksiyona sokularak trimetoksisilan ile sonlanmış yeni bir çift fonksiyonlu fotobaşlatıcı sentezlendi.

Çalışmanın ikinci aşamasında ise TEOS hidrolizi yapıldı. Ayrıca kaplama formülasyonlarının uygulanacağı polikarbonat levhalar korona işlemine tabi tutuldu.

Çalışmanın son aşamasında ise polyester akrilat oligomer (Ebecryl-584), fotomer®4072 (triakrilat), hidrolize TEOS ve modifiye edilmiş/edilmemiş fotobaşlatıcı (Irgacure 184) içeren UV ışınlarına duyarlı organik-inorganik hibrid kaplama formülasyonları hazırlandı.

III.4.1. Trimetoksisilan ile Sonlanmış Fotobaşlatıcının Hazırlanması

Trimetoksisilan ile sonlanmış fotobaşlatıcı; Irgacure 184 ile ICPTMS coupling ajanının reaksiyonu ile hazırlanmıştır. Kısaca 10,01 gr (49 mmol) Irgacure 184, 20 gr HDDA (reaktif seyreltici) ve 0,01 gr. hidrokinon (inhibitör) üç boyunlu balon, bir karıştırıcı, bir damlatma hunisi ve bir azot giriş inletinden oluşan reaksiyon düzeneğinin içerisine yüklendi. Karışımın ışık görmemesi için üç boyunlu balonun etrafı alüminyum folyo ile sarıldı. Karışımın içerisine kataliz olarak 0,05 gr dibütiltin dilaurat eklendi. Karıştırılmakta olan karışımın içerisine damlatma hunisi yardımıyla yavaşça 10,05 gr. (49 mmol) silan coupling ajanı 3-izosayanat propiltrimetoksisilan (ICPTMS) ilave edildi. İlave işlemi tamamlandıktan sonra reaksiyon karışımı 60 °C`de 3 saat boyunca karıştırıldı. Reaksiyon takibi FT-IR spektrumunda 2275 $cm^{-1}$'de –NCO pikinin değişimiyle takip edildi. Elde edilen ürün kullanılana kadar buzdolabında +4 °C`de ve karanlıkta saklandı.

III.4.2. TEOS'un Hidrolizi

1.33 gr etanol içerisinde 3 gr (14.4 mmol) tetraetilortosilikat (TEOS), 0.77 gr (43.2 mmol) su ve p-toluensülfonikasit (kataliz) 5 ºC'de karıştırıldı. Su/silikon oranı r=3 olarak hesaplandı.

III.4.3. Polikarbonat Test Levhalarının Yüzeylerinin Korona Edilmesi

PC yüzeyler, üzerindeki koruyucu tabaka kaldırıldıktan sonra 2-propanol ile temizlendi. Kaplama malzemesi ile yüzey arasında yapışmanın iyi olması için yüzeye kaplama yapılmadan önce PC levhaların yüzeyine oda sıcaklığında, 1.5 KW'lık güç ve atmosferik basınç altında Korona jeneratörü ile oksijen plazma uygulandı.

III.4.4. Hibrid Kaplama Formülasyonlarının Hazırlanması

Polyester akrilat oligomer (Ebecryl-584), fotomer®4072 (triakrilat), hidrolize TEOS ve modifiye edilmiş/edilmemiş fotobaşlatıcı (Irgacure 184) karıştırılarak UV ile sertleştirilebilen formülasyonlar hazırlandı.

Her bir formülasyon 25 ml'lik beher içerisinde homojen bir karışım elde edilene kadar uygun karıştırıcı ile karıştırılarak hazırlandı. Karışım esnasında oluşan hava kabarcıklarını gidermek için beher 5 dakika zayıf vakum altında tutulduktan sonra akışkanlığı sağlamak üzere 35 °C'ye kadar ısıtıldı. Tablo III.1'de hazırlanan hibrid formülasyonların kompozisyonu toplu olarak verilmektedir.

III.4.5. FT-IR Spektroskopisi

Yukarıda sentez yöntemi anlatılan trimetoksisilan ile sonlanmış fotobaşlatıcının reaksiyon takibi, FT-IR spektrumunda 2275 cm^{-1}'de –NCO pikinin zamanla azalarak kaybolması ile yapıldı.

Tablo III.1 Hazırlanan Hibrid Formülasyonların Kompozisyonu

Numune	Irg-184 (g)	Modifiye edilmiş Irg-184 (g)	TEOS (g)	Ebecryl-584 (g)	Fotomer® 4072 (g)	HDDA (g)	Numune
A1	1.09	—	—	44.60	4.0	8.60	PA1
A2	—	2.18	—	44.60	4.0	8.60	PA2
A3	—	2.18	1.09	44.60	4.0	8.60	PA3
B1	2.18	—	—	44.60	4.0	8.60	PB1
B2	—	4.36	—	44.60	4.0	8.60	PB2
B3	—	4.36	1.09	44.60	4.0	8.60	PB3
C1	3.18	—	—	44.60	4.0	8.60	PC1
C2	—	6.54	—	44.60	4.0	8.60	PC2
C3	—	6.54	1.09	44.60	4.0	8.60	PC3

A: % 2 Irgacure 184

B: % 4 Irgacure 184

C: % 6 Irgacure 184

P: Post Cure (70 ^{o}C'de 19 saat ve 90 ^{o}C'de 4 saat termal işlem)

1: Modifiye edilmemiş

2: Modifiye edilmiş Irgacure 184

3: Modifiye edilmiş Irgacure 184 ve TEOS

III.5. UV IŞINLARIYLA SERTLEŞEBİLEN POLİMERİK KAPLAMALARIN HAZIRLANMASI

III.5.1. Serbest Filmlerin Hazırlanması

Hibrid serbest filmler, UV ışınları ile sertleşebilen formülasyonların 50 mm x 10 mm x 1 mm boyutlarındaki cam kalıba dökülmesi ile hazırlandı. Oksijenin geciktirici etkisini engellemek için kalıp içindeki karışımların üzeri 100 μm kalınlığındaki şeffaf teflon film ile homojen kalınlıkta düzgün film elde edebilme amacı ile örtüldü. Teflon filmin üzerine ise kuartz cam plaka konarak ve ardından da yüksek basınçlı UV lambası kullanılarak 180 saniyelik sure içinde sertleşme işlemi (curing) gerçekleştirildi. Sertleşme işleminden sonra yaklaşık 1 mm kalınlığında serbest hibrit filmler elde edildi. Kaplanmış polikarbonat paneller ve serbest filmler 70 °C'de 19 saat ve 90 °C'de 4 saat sertleştirme sonrası işleme tabi tutuldu ve sonra da oda sıcaklığında saklandı. Reaksiyona girmemiş silanol gruplarının kondensasyonu sertleştirme sonrası işlemle sağlandı.

III.5.1.1. Serbest Filmlere Uygulanan Testler

TGA Analizi

Hazırlanan serbest filmlerin termo-oksidatif kararlılığını ölçmek amacıyla NETZCH marka termal gravimetrik analiz cihazı kullanıldı. Termogramlar hava atmosferi altında 10 °C/dak ısıtma hızıyla 20 °C'den 750 °C'ye kadar ısıtılarak elde edilmiştir.

Jel Tayini

Hazırlanmış olan serbest filmlerden alınan test numuneleri tartılarak Soxhlet cihazındaki kartuşa yerleştirildi ve 8 saat boyunca aseton ile ekstraksiyon uygulandı. Çözünmeyen kısım vakum etüvünde (10^{-1} mmHg, 40 °C) ağırlık sabitleninceye kadar kurutuldu ve bu sürenin sonunda numuneler hassas terazide tartıldı. Kalan kısım % jel içeriği olarak hesaplandı.

Çekme Deneyi

Hazırlanan serbest film numuneleri çekme cihazının çeneleri arasına tutturuldu. Çeneler arası mesafe numunelerin 1/3'ü oranında olacak şekilde ayarlandı. Çene hızı ise 2 mm/dak olarak ayarlandı. Çekme deneyine numune kopuncaya kadar devam edildi. Deney ASTM standartına göre ve oda sıcaklığında yapıldı. Deney neticesinde elde edilen sonuçlar tablo halinde düzenlendi.

III.5.2. Kaplanmış Plakaların Hazırlanması

70 mm x 100 mm x 1 mm boyutlarındaki PC levhalar üzerine geçici olarak yapıştırılan polietilen (PE) koruyucu kaplama filmleri yüzeyden kaldırılarak 2-propanol ile ıslatılmış lif bırakmayan bir bezle PC levha yüzeyi temizlendikten sonra levhalar düz ve temiz bir yüzey üzerine yerleştirildi. Hazırlanan formülasyonların her biri yüzeyi kaplayacak miktarda levhalar üzerine dökülerek 30 μ'luk aplikatörün sabit hızla çekilmesiyle yüzeyin kaplanması sağlandı. Hazırlanan kaplanmış levhalar konveyör hızı 2 m/dak olan ve lamba enerjisi 13,2 amper olarak ayarlanmış UV makinesinden 6 kez geçirilerek sertleştirildi. Lamba, orta basınçlı lamba olup 360 nm dalga boyuna sahiptir.

III.5.2.1. Kaplanmış Plakalara Uygulanan Testler

Sarkaç Sertlik Testi

Bu test DIN 53157 standartlarına göre yapılmıştır.

Çapraz-Kesilmiş Kaplamalarda Bant Yapışma Testi

Yapışma testi ASTM D-3359 standartlarına göre yapılmıştır. Yapışma testi yapılmadan önce levha yüzeyine uygulanan çapraz-kesme işlemi ise DIN 53151 standartlarına göre yapılmıştır.

Kalem Sertlik Testi

Bu test ASTM D-3363 standartlarına göre yapılmıştır.

Metil Eter Keton (MEK) ile Ovma Testi

Bu test ASTM D-5402 standartlarına göre yapılmıştır.

Taber Aşınma Testi

Bu test ASTM D-4060 standartlarına göre yapılmıştır. CS10 aşındırıcı disklerin her biri 250 gr ağırlığındaydı.

BÖLÜM IV

SONUÇLAR

IV.I. TRİMETOKSİSİLAN ile SONLANMIŞ FOTOBAŞLATICININ KARAKTERİZASYONU

Makrofotobaşlatıcı moleküllerin geliştirilmesinde etkileyici olan bir durum da UV ışınları ile sertleşebilen hibrit formülasyonların uyumluluğunu geliştirmek ve film yüzeyine göçü azaltmaktır. Bu düşünceyle Irgacure-184'ün hidroksil gruplarına bağlanmış organoalkoksisilan taşıyan yeni iki fonksiyonel gruplu fotobaşlatıcı sentezlenmiştir. Fotobaşlatıcının UV ışınları ile sertleşebilen organik-inorganik hibrit kaplamaların mekanik ve fiziksel özelliklerine olan etkisi incelenmiştir. Şekil IV.1'de trimetoksisilan uçlu iki fonksiyonel gruplu fotobaşlatıcının sentezi şematik olarak verilmektedir.

FTIR spektrumunda 2275 cm^{-1}'de karakteristik NCO bandının tamemen kaybolması ile reaksiyonun tamamlandığı belirlenmiştir. Şekil IV.2'de N-H gerilim bandı 3335 cm^{-1}'de ve karbonil gerilimi piki 1726 cm^{-}1'de ve $SiOCH_3$ bandı da 1083 cm^{-}1'de görülmektedir.

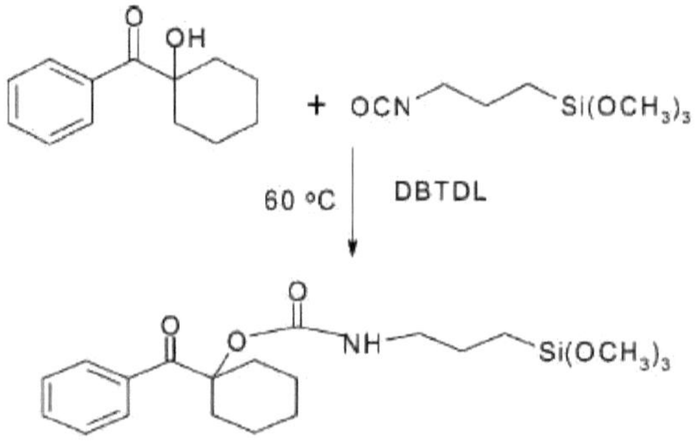

Şekil IV.1 Trimetoksisilan Uçlu Çift Fonksiyonel Gruplu Fotobaşlatıcının Sentezi

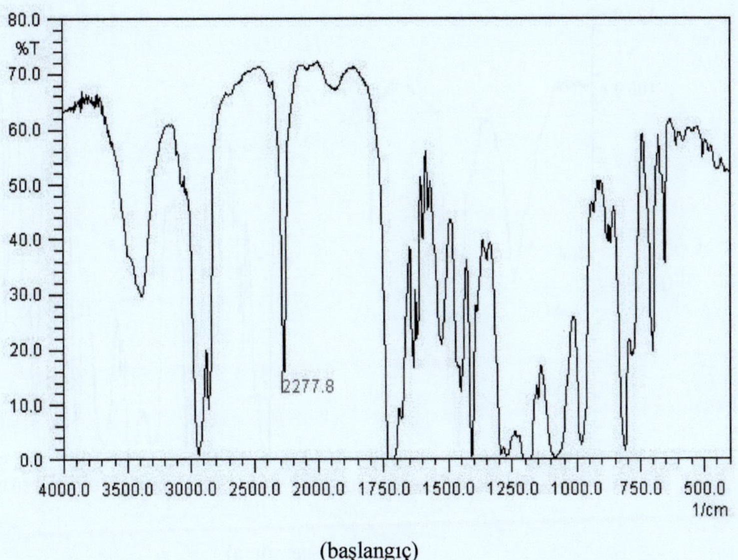

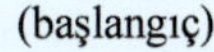
(başlangıç)

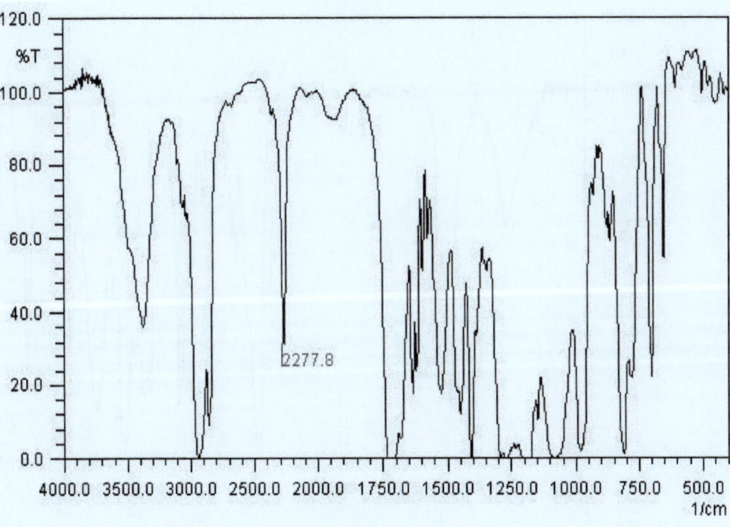

(30 dakika sonra)

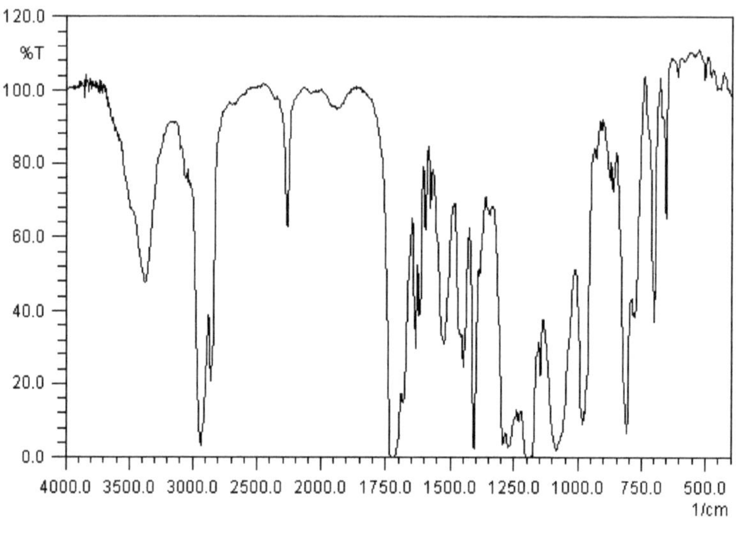

(1 saat sonra)

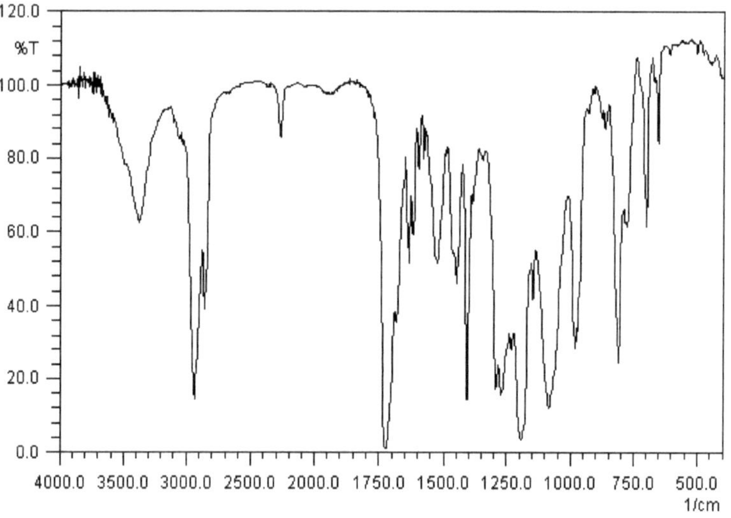

(2 saat sonra)

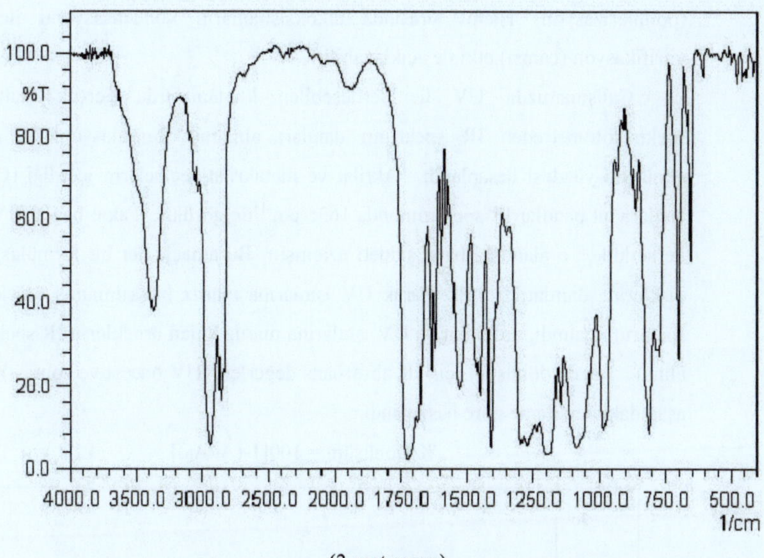

(3 saat sonra)

Şekil IV.2 Trimetoksisilan ile Sonlanmış Fotobaşlatıcının FT-IR Spektrumu

IV.2. ÇİFT BAĞLARIN DÖNÜŞÜM ORANININ GERÇEK ZAMANLI IR SPEKTROFOTOMETRE ile İNCELENMESİ

Çift bağ dönüşümü üzerinde fotobaşlatıcı etkisinin araştırılması oldukça önemlidir. Şekil IV.3'de zamanın bir fonksiyonu olarak dönüşüm eğrileri verilmektedir. Sentezlenen modifiye edilmiş başlatıcının fotopolimerizasyonu etkili bir şekilde başlatmasının yanısıra polimer ve inorganik matris arasında bağ oluşmasını da sağlamaktadır. Şekil IV.3'de görülebileceği gibi UV ışınları ile sertleştirilen başlatıcı ile modifiye edilmemiş fotobaşlatıcı formülasyonunda polimerizasyon dönüşümünün % 80'i ilk birkaç saniyede gerçekleşmiştir. Bununla birlikte modifiye edilmiş başlatıcının kullanılmasıyla 25 sn içerisinde çift bağ dönüşümünün % 75'e ulaştığı görülmüştür. Diğer yandan hibrid formülasyonu içerisine TEOS ilavesiyle nihai dönüşüm oranının düştüğü görülmektedir. Şekil IV.3'deki C3 numunesinin dönüşüm profili, 1 sn içerisinde akrilat gruplarının % 45'inden fazlasının polimerize olduğunu göstermektedir. Polimerizasyon esnasında hızlı bir başlangıçtan sonra çift bağ dönüşümü yavaşlamakta ve % 60'lar civarında sabitlenmektedir. Bu durum UV ışınlarının etkisiyle gerçekleştirilen sertleştirme (polimerizasyon) işlemi sırasında alkoksisilanların kondensasyonu ile oluşan vitrifikasyon (camsı) etki ile açıklanabilir.

Çalışmamızda UV ile sertleşebilen kaplamalarda gerçek zamanlı IR spektrofotometreden IR spektrum dataları alınarak formülasyonların çift bağ dönüşüm yüzdesi hesaplandı. Akrilat ve metakrilat reçinelerin içerdiği (C=C) çift bağlara ait bandlar IR spektrumunda 1635 cm^{-1}'de görülür. Fakat bağlar UV ışınları ile açıldıkça o alandaki band şiddeti azamıştır. Bu amaçla her bir formülasyon KBr disklerine damlatıldı. İlk olarak UV ışınlarına maruz bırakılmamış örneklerin IR spektrumu alındı, ardından da UV ışınlarına maruz kalan örneklerin IR spektrumları alındı. Yüzde dönüşüm için IR absorbans değerleri (UV öncesi ve sonrası) alınarak aşağıdaki denkleme göre hesaplandı.

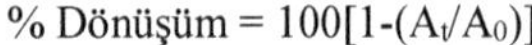

$$\% \text{ Dönüşüm} = 100[1-(A_t/A_0)]$$

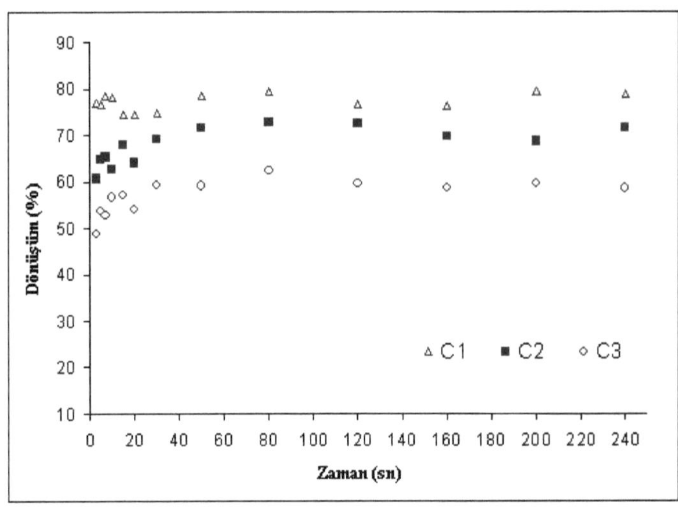

Şekil IV.3 Hibrid Filmlerin RT-IR Çift Bağ Dönüşüm Profili

IV.3. HAZIRLANAN KAPLAMALARIN KARAKTERİZASYONU

Üzerine hibrid kaplama yapılmış polikarbonat levhalara uygulanan testler ve sonuçları aşağıda verilmiştir.

IV.3.1. Sarkaç Sertlik Testi

Aşınma ve çizilme dayanımına etki eden en önemli faktör kaplamanın sertliğidir. Sert kaplamalar daha iyi çizilme dayanımı sağlar, fakat aşınma dayanımı yüzey sürtünmesinden etkilenir. Zincir esnekliği ve ağın çapraz bağ yoğunluğu, sertliği belirlemede önemli bir rol oynamaktadır. Şekil IV.4'de silika içeriğinin bir fonksiyonu olarak hibrid şeffaf kaplamaların sarkaç sertliği gösterilmiştir. Şekil IV.4' de görüldüğü gibi trimetoksisilanla sonlanmış yeni bir makro fotobaşlatıcı ile TEOS'un birleşmesi büyük oranda sertliği arttırmıştır. Ayrıca kaplamaya termal işlem yapıldıktan sonra reaksiyona girmemiş silanol gruplarının reaksiyona girmesiyle çapraz bağ yoğunluğu arttığı gibi sağlamlık da artmıştır.

Tablo IV.1 Hibrid Kaplamaların Sarkaç Sertlik Değerleri

Numune	Sarkaç Sertliği
A1	70
A2	88
A3	98
B1	106
B2	108
B3	130
C1	97
C2	141
C3	166
PA1	74
PA2	91
PA3	139
PB1	106
PB2	124
PB3	173
PC1	135
PC2	172
PC3	176

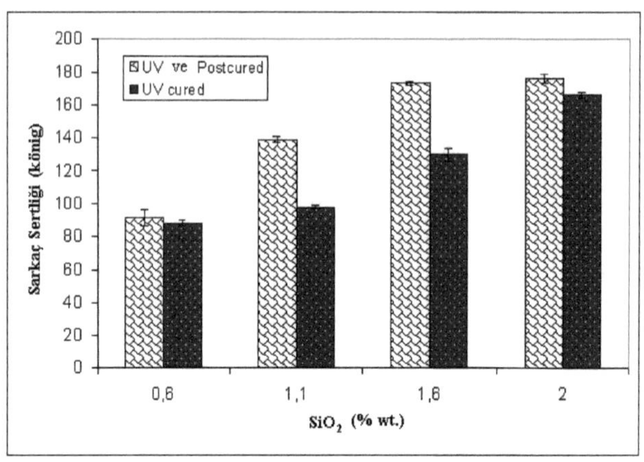

Şekil IV.4 Hibrid Kaplamalarda Silika İçeriğinin Sarkaç Sertliği Üzerine Etkisi

IV.3.2. Kalem Sertlik Testi

Kalem sertlik testi neticesinde sertliğin 6H ve 7H değerlerinde olduğu görüldü.

Tablo IV.2 Hibrid Kaplamaların Kalem Sertlik Değerleri

Numune	Kalem Sertliği
A1	6H
A2	6H
A3	5H
B1	6H
B2	6H
B3	7H+
C1	7H+
C2	7H
C3	7H
PA1	7H
PA2	6H
PA3	7H
PB1	6H
PB2	6H
PB3	6H
PC1	6H
PC2	7H+
PC3	7H+

IV.3.3. Yapışma Testi

Çapraz kesilmiş yüzeylerde bant ile yapılan yapışma testleri bütün kaplamalarda % 100 yapışma olduğunu gösterdi. Bu derece iyi yapışmanın arkasındaki temel sebep, koronolama sırasında oluşan reaktif grupların silanol gruplarıyla reaksiyona girmesiyle daha güçlü yapışma sağlamasıdır. Tablo IV.3'de PC levhalar üzerine hibrid kaplamaların yapışma değerleri görülmektedir.

Tablo IV.3 PC Levhalar Üzerine Hibrid Kaplamaların Yapışma Etkisi

Numune	Çapraz Kesme	Bant Yapışma
A1	0	Kayıp yok
A2	0	Kayıp yok
A3	0	Kayıp yok
B1	0	Kayıp yok
B2	0	Kayıp yok
B3	0	Kayıp yok
C1	0	Kayıp yok
C2	0	Kayıp yok
C3	0	Kayıp yok
PA1	0	Kayıp yok
PA2	0	Kayıp yok
PA3	0	Kayıp yok
PB1	0	Kayıp yok
PB2	0	Kayıp yok
PB3	0	Kayıp yok
PC1	0	Kayıp yok
PC2	0	Kayıp yok
PC3	0	Kayıp yok

IV.3.4. Metil Etil Keton (MEK) ile Ovma Testi

Kaplamaların solvent direnci, MEK ile ovma testi uygulanarak tespit edilmiştir. Uygulanan MEK ile ovma testinde çift ovma (bir gidiş-bir geliş) sayısı 500'ün üzerinde çıkmıştır ve neticede kaplamaların solvent direnci mükemmel olduğu bulunmuştur (Tablo IV.4).

Tablo IV.4 Kaplanmış PC Levhaların Solvent Direnci Test Sonuçları

Numune	Ovma Sayısı
A1	500+
A2	500
A3	480
B1	500+
B2	480
B3	500+
C1	500+
C2	500+
C3	500+
PA1	500+
PA2	500+
PA3	500+
PB1	400
PB2	500+
PB3	500+
PC1	500+
PC2	500+
PC3	500+

IV.3.5. Kimyasallara Karşı Dayanım Testi

Bütün hibrid kaplamaların kimyasal dayanımı, 96 ve 168 saatlik zaman periyodunda numunelere çeşitli kimyasalların damlatılmasıyla test edildi. Bazı test örnekleri ksilenden etkilenmesine rağmen genel olarak fiziksel görünümlerinin iyi ve çatlamaların olmadığı tespit edildi. Ksilenden etkilenmesinin muhtemelen çapraz bağ yoğunluğunu ile bağlantılı olduğu düşünülmektedir. Kimyasal dayanım sonuçları Tablo IV.5'de verilmiştir.

Tablo IV.5 Hibrid Kaplamaların Kimyasal Dayanım Test Sonuçları

Zaman (saat)	% 10 HCl	% 10 H_2SO_4	% 10 NaOH	Ksilen
96	Numunelerin hiçbiri etkilenmedi.			Sadece A1 ve A2 numuneleri etkilendi.
168	Numunelerin hiçbiri etkilenmedi.			Sadece A1, A2, A3, PA1, PA2 ve PA3 numuneleri etkilendi.

IV.3.6. Taber Aşınma Testi

Polimerlerin aşınma dayanımı genellikle aşındırıcı diskler tarafından koruyucu tabakaların mekaniksel bozunmaya uğratılarak kütle azalmasına sebebiyet veren Taber aşınma metodu ile karakterize edilir. Şekil IV.5, 2x250 gr CS10 aşındırıcı disklerin kullanılmasıyla 100 ve 500 devirden sonraki kütle kaybını göstermektedir. 500 devirden sonra UV ve sonrasında termal olarak sertleştirilmiş hibrid kaplamaların, UV ile sertleştirilmiş hibrid olmayan kaplamalara göre aşınma dayanımının daha iyi olduğu tespit edilmiştir.

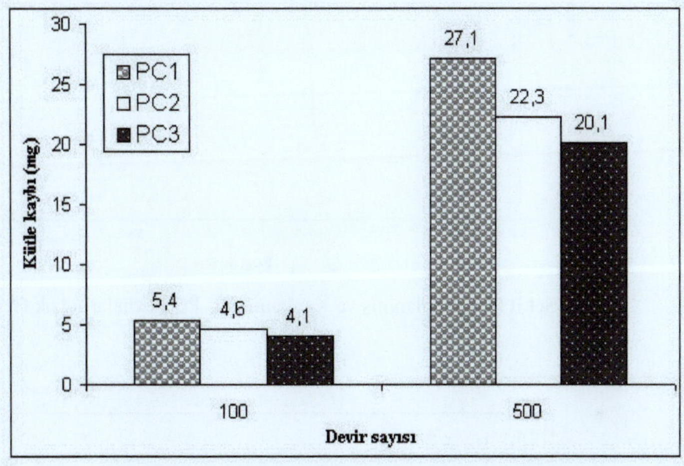

Şekil IV.5 100 ve 500 Devirden Sonraki Kütle Kaybı

IV.3.7. Işık Geçirgenlik Testi

Bütün hibrid kaplamalar çatlaksız ve şeffaf olarak elde edildi. Şekil IV.6 ve Şekil IV.7, hibrid kaplama ile kaplanmış PC levhaların UV-görünür alanda ışık geçirgenliğini kaybetmediğini göstermektedir.

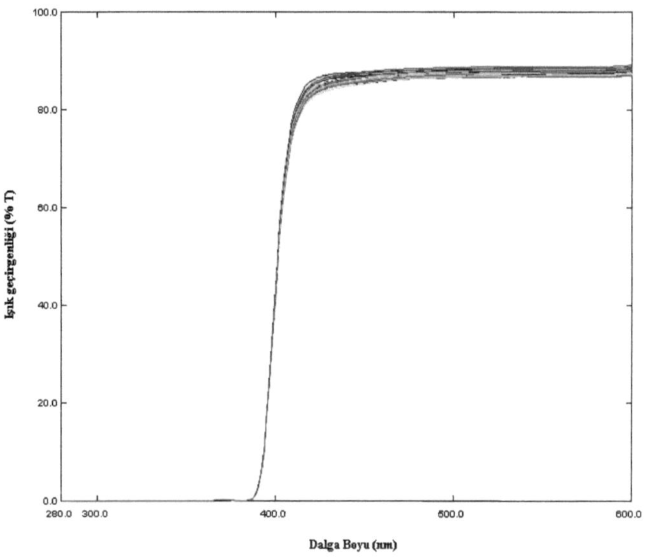

Şekil IV.6 Kaplanmış ve Kaplanmamış PC Levhaların Işık Geçirgenliği

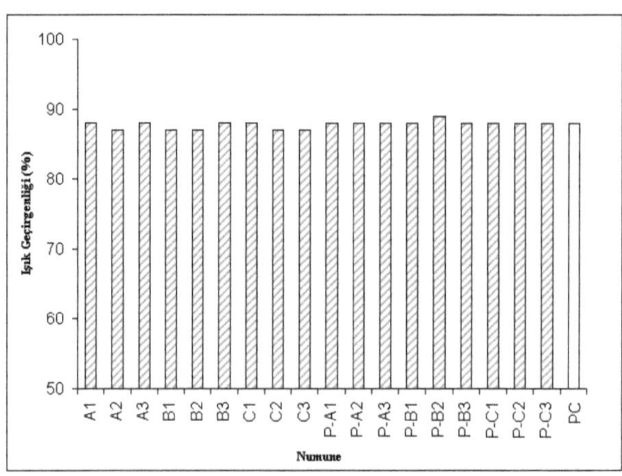

Şekil IV.7 Kaplanmış ve Kaplanmamış PC Levhaların Işık Geçirgenlik Grafiği

IV.4. HAZIRLANAN SERBEST FİLMLERİN KARAKTERİZASYONU

Hibrid kaplama formülasyonlarından elde edilen serbest filmlere uygulanan testler ve sonuçları aşağıda verilmiştir.

IV.4.1. Jel İçeriği

% jel içeriği sonuçları Tablo IV.6'da verilmiştir.

Tablo IV.6 Polimerik Filmlerin Jel İçeriği

Numune	Jel içeriği (%)
A1	88
A2	89
A3	86
B1	85
B2	83
B3	85
C1	83
C2	83
C3	83
PA1	86
PA2	84
PA3	84
PB1	85
PB2	87
PB3	88
PC1	83
PC2	86
PC3	86

IV.4.2. Çekme Deneyi

Tablo IV.7'de UV ışınları ile sertleştirilen ve termal işlem uygulanmış kaplamaların çekme dayanımı, kopma uzaması ve elastiklik modülleri verilmektedir. Termal işlemin uygulanmasıyla trialkoksisilan ile modifiye edilmiş Irgacure 184 başlatıcılı sistemlerde çekme dayanımının ve modülün arttığı tespit edildi. Hibrid malzemelerin mekanik özelliklerinin temelde organik ve inorganik ağ yoğunluğu miktarına bağlı olduğu bilinmektedir. TEOS ilavesiyle UV ile sertleştirilen kaplamaların çekme özelliklerinde ilk olarak bir azalma görüldü. Çekme grafikleri EK I'de verilmiştir.

Tablo IV.7 Gerilme-Uzama Analizi

Numune	Teorik SiO_2 İçeriği (%)	Çekme Dayanımı (MPa)		KopmaUzaması (%)		Young Modülü	
		UV Cured	UV+Post Cured	UV Cured	UV+Post Cured	UV Cured	UV+Post Cured
A1	—	26.10	26.30	2.60	1.40	1588	1706
A2	0.54	21.20	22.40	2.40	4.80	828	905
A3	1.06	14.60	20.40	1.40	1.90	971	1104
B1	—	26.60	24.20	6.80	3.70	994	1060
B2	1.04	27.90	32.70	2.90	3.10	1223	1459
B3	1.52	21.30	33.90	6.80	2.50	750	1734
C1	—	21.20	21.50	2.40	3.60	828	879
C2	1.51	24.80	27.60	2.10	1.40	1352	1704
C3	1.96	12.30	21.20	1.00	1.10	1001	1970

Bütün kaplamaların termal işlemden sonraki çekme modülleri Şekil IV.8'de verilmiştir. İnorganik modifiye edilmiş başlatıcı içeriğinin artmasıyla Young modülde sistematik bir artış görülmüştür. Aynı eğilim sol-jel içeren sistemlerde de gözlemlendi. Sertleştirme sonrası yapılan termal işlem ile reaksiyona girmemiş alkoksisilan gruplarının kondensasyonu ile mekanik özellik iyileşmekte ve bu nedenle de Young modülü artıyor diyebiliriz. Diğer yandan hibrid olmayan UV ışınları ile sertleştirilen kaplamaların (A1, B1 ve C1) Young modülü, başlatıcı içeriğinin artmasıyla azalmaktadır. Bilindiği gibi başlatıcı konsantrasyonun artmasıyla UV ışınlarının kaplamanın iç kısımlarına kadar nüfuz etmesi güçleşmekte, polimerizasyon yüzeyde gerçekleşmektedir. Bu nedenle mekanik özellikleri sağlam olmayan kaplamalar elde edilmektedir.

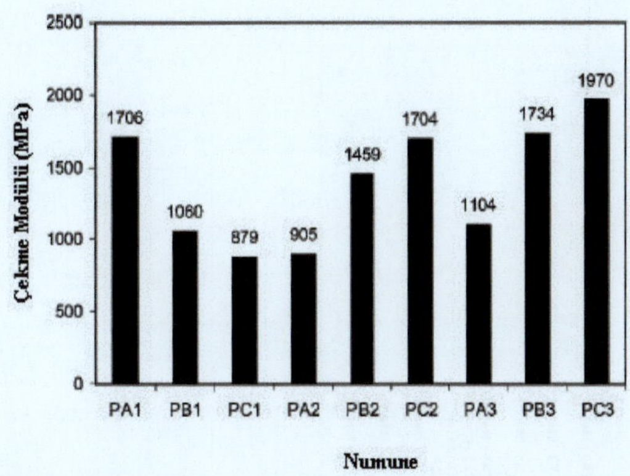

Şekil IV.8 Kaplamaların Termal İşlemden Sonraki Çekme Modülleri

IV.4.3. Termal Gravimetrik Analiz (TGA)

Hibrid kaplamaların termal özellikleri hava atmosferinde TGA ile karakterize edildi. Şekil IV.9'da hibrid malzemelerin TGA termogramları gösterilmekte ve sonuçlar toplu olarak Tablo IV.8'de verilmektedir. Bütün örneklerin 300 °C-500 °C sıcaklık aralığında hızlı bir ağırlık kaybı sergilediği görülmektedir. Bütün kaplamalarda 3 önemli ağırlık kaybı sıcaklığı görülmüştür. İlk kayıp 220 °C civarında başlıyor ve termal kararlılığı düşük olan ester gruplarının bozunmasından kaynaklanmaktadır. İkinci kayıp 390 °C'de başlıyor ve daha kararlı olan üretan yapılarının bozunmasından kaynaklanmaktadır. Silika içeriğinin artmasıyla başlangıçtaki sıcaklıklar önemli derecede değişiklik göstermiyor. Fakat termogravimetrik analizler, silika içeriğinin artmasıyla son ağırlık kaybı sıcaklığının daha yüksek değerlerde gerçekleştiğini göstermektedir. 630 °C ve 680 °C arasında ortaya çıkan ağırlık kaybı ise muhtemelen siloksanların kondensasyonundan kaynaklanmaktadır. Teorik olarak hesaplanan SiO_2 ve TGA sonuçlarından elde edilen kül oranı sonuçlarına uygun olarak termooksidatif kararlılığın arttığı görülmektedir.

Numunelerin ayrı ayrı elde edilen termogramları EK II'de verilmiştir.

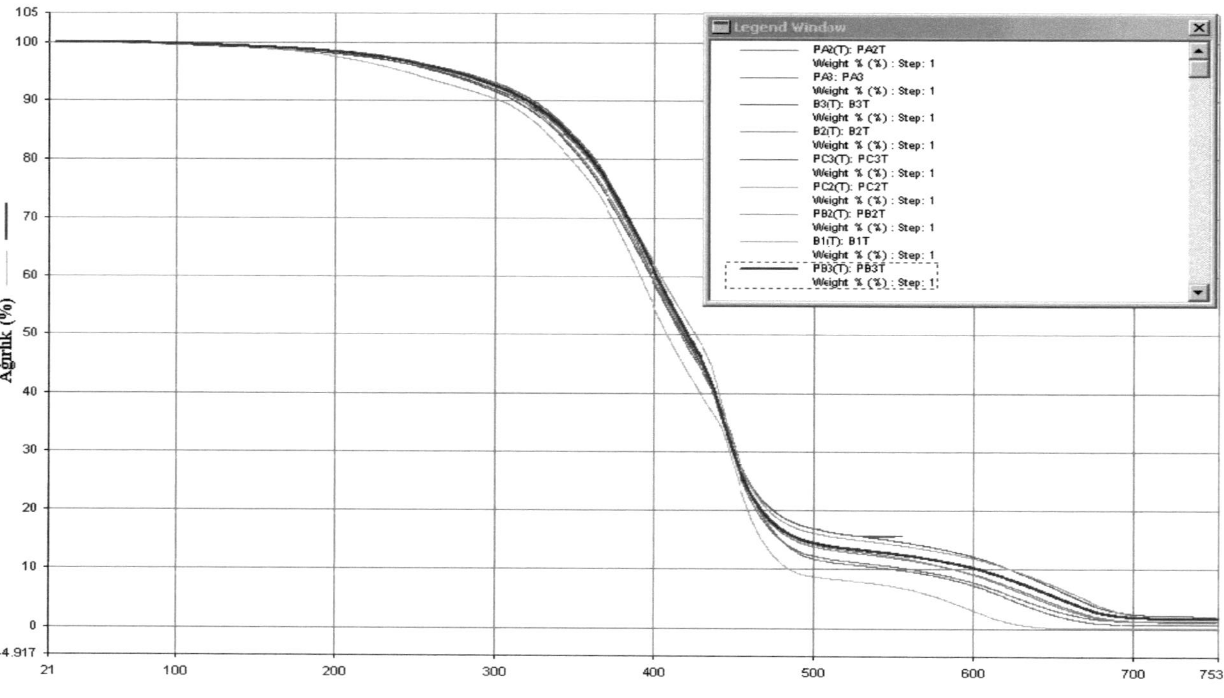

Şekil IV.9 Modifikasyon Yüzdesinin Bir Fonksiyonu Olarak Sıcaklığa Karşı Ağırlık Kaybı

Tablo IV.8 Hibrid Yapılı Polimerlerin TGA Analiz Sonuçları

Numune	% 10 Ağırlık Kaybı Sıcaklığı	T_d (°C)		Son Ağırlık Kaybı Sıcaklığı	Kül Oranı (%)	Teorik SiO_2 (%)
		Birinci	İkinci			
B1	292	395	450	632	0.10	—
B2	292	390	445	679	1.20	1.04
B3	291	400	445	684	1.70	1.52
PA2	297	400	450	669	0.60	0.54
PA3	298	395	445	681	1.20	1.06
PB2	291	400	450	678	1.20	1.04
PB3	289	395	445	683	1.70	1.52
PC2	299	400	445	696	1.70	1.51
PC3	291	390	445	692	2.20	2.00

IV.4.4. Si-NMR Analizi

Şekil IV.10 (a) ve (b), B3 ve PB3 numunelerinin Si CP/MAS NMR spektrumunu göstermektedir. Temelde -48 ppm [(R-Si(OSi)-$(OH)_2$] veya [R–Si,(OSi) $(OCH_2CH_3)_2$], T1; -59 ppm [R–Si,$(OSi)_2$(OH)] veya [R–Si,$(OSi)_2(OCH_2CH_3)$], T2; -67 ppm [R–Si,$(OSi)_3$], T3; -89 ppm [Si(OSi)$(OCH_3)_y(OH)_{3}$-y], Q1 ve -107 ppm [Si$(OSi)_3(OCH_3)$] veya [Si$(OSi)_3$(OH)], Q3 olarak dört tür band oluştuğu gözlendi. Si-NMR sonuçlarına göre; 48, 59, 67, 89, ve 107 ppm deki pikler sırasıyla literatürde rapor edilen T1,T2, T3, Q1, ve Q3 pikleriyle uyum göstermektedir. Şekil IV.10'dan görüleceği gibi T0 ve Q0 piklerinin olmayışı sol'de hidroliz olmamış TEOS veya alkoksisilan bileşiklerinin olmadığını göstermektedir. T2 ve Q3 pikleri diğerlerine gore daha şiddetlidir. Si-NMR sonuçlarına göre, Post-curing işlemi Si-O-Si kondensasyonunu arttırmaktadır. Bu da Q3 pikinin şiddetinde artışa neden olmaktadır.

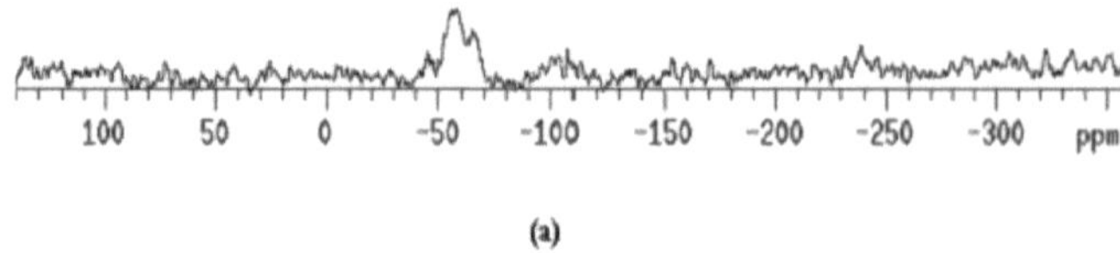

(a)

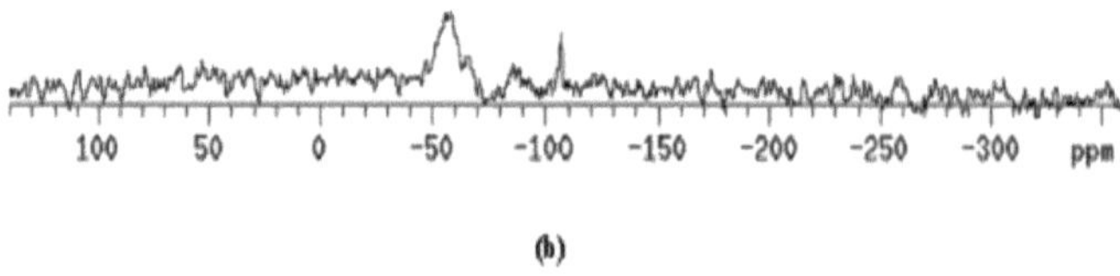

(b)

Şekil IV.10 (a) B3 ve (b) PB3 İçin Katı Hal NMR Spektrumu

IV.4.5. TEM Analizi

TEM, nanometre bir skala üzerinde hibrid kaplama hakkında morfolojik bir bilgi sağlamak için kullanılır. PB3 numunesinin TEM fotoğrafı Şekil IV.11'de gösterilmiştir. TEM fotoğrafından silika partiküllerinin matris malzemesi içerisinde yer aldığı ve bu nano partikül boyutunun 140 ile 200 nm aralığında olduğu anlaşılmaktadır.

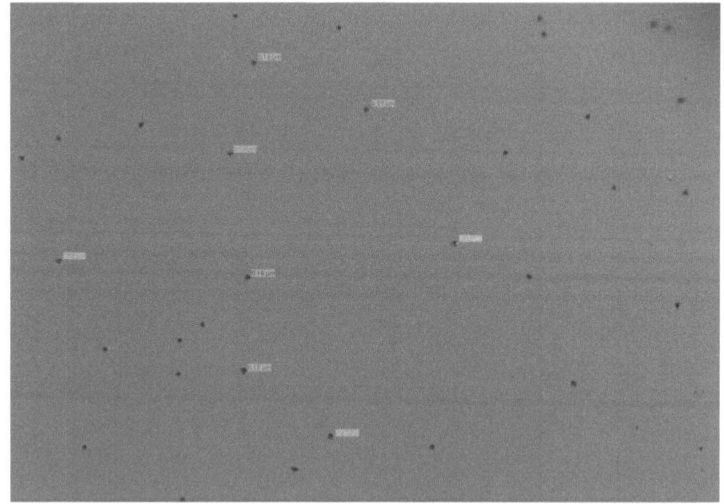

Şekil IV.11 PB3 Kodlu Kaplama Numunesinin TEM Görüntüsü

IV.4.6. SEM Analizi

Şekil IV.12, termal işleme tabi tutulan PA2 ve PA3 numunelerinin kırık yüzey morfolojisini gösteriyor. SEM çalışması, PA2 ve PA3 filmlerinin gevrek kırılma morfolojisi sergilediğini gösterdi (a ve b). Halbuki TEOS ilavesiyle düşük gözenekli yoğun bir kaplama tabakası gözlemlendi (b). Bu gözlem, hibrid kaplama sistemlerinde ara çapraz-bağ ağ yapısının varolduğunu doğruluyor. Daha yüksek büyütmelerde fotobaşlatıcının bozunmasıyla organik bir matrise trialkoksisilan yapısının bağlanması neticesinde faz ayrımı olan kübik partiküller görülmektedir. Fakat organik ve inorganik fazlar arasındaki uyuşma, yapı içerisinde TEOS'un birleşmesinden sonra arttı (d). SEM görüntülerine göre partikül ebatları nano ölçektedir. Diğer SEM görüntüleri EK III'de görülmektedir.

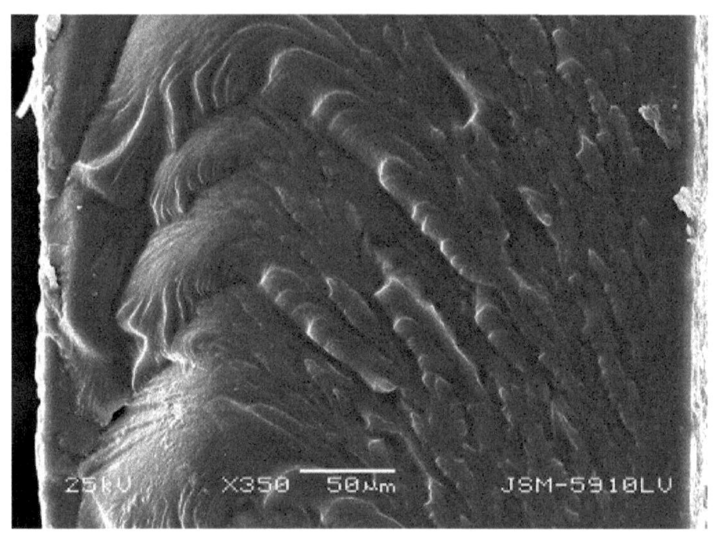

(a) PA2 x 350

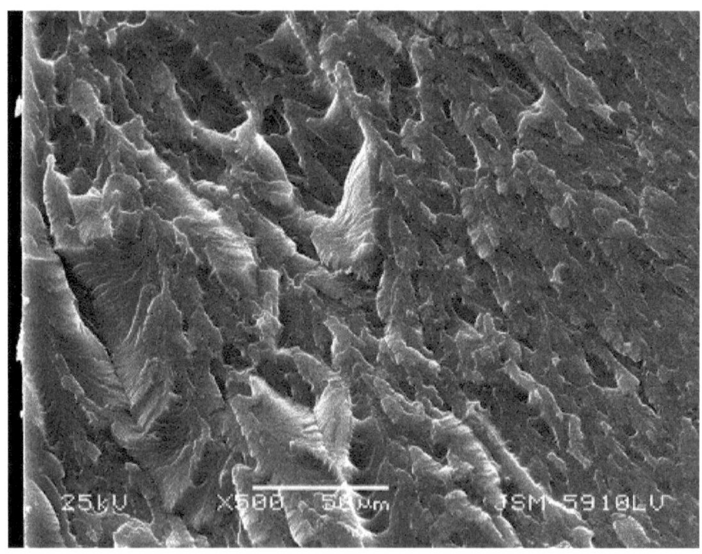

(b) PA3 x 500

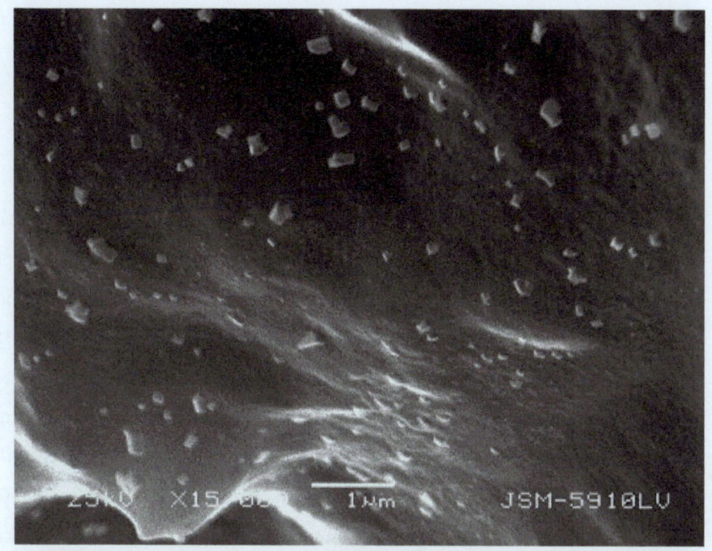

(c) PA2 x 15000

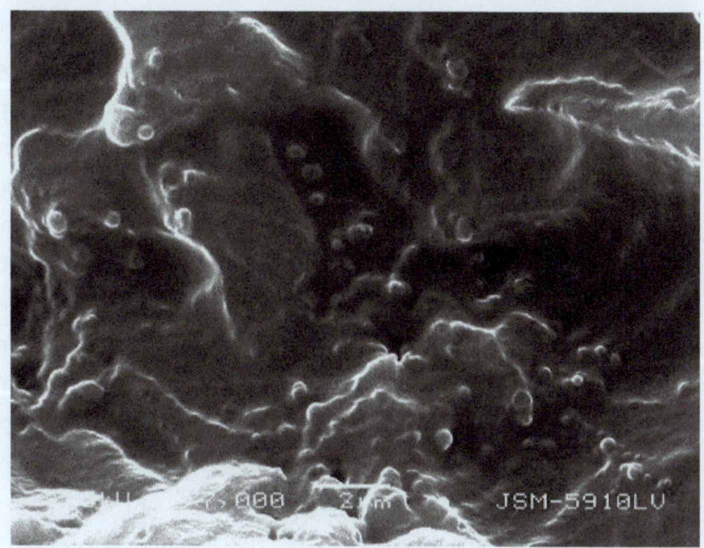

(d) PA3 x 7000

Şekil IV.12 PA2 ve PA3 Kodlu Hibrid Kaplama Örneklerinin SEM Görüntüleri

BÖLÜM V

TARTIŞMA ve DEĞERLENDİRME

Yeni makro-fotobaşlatıcı moleküllerin gelişiminin önemli noktalarından biri, UV ışınları ile sertleştirilen hibrid formülasyonunda organik ve inorganik fazlar arasında uyuşabilirliğin geliştirilmesi ve film yüzeyindeki migrasyonun (göçün) azaltılmasıdır. Bu bakımdan hidroksil grup vasıtasıyla Irgacure 184'e bağlı organoalkoksisilan içeren yeni bir bifonksiyonel fotobaşlatıcı sentezlendi. Akrillenmiş polyester reçine, triakrilat reçine ve hidroliz edilmiş TEOS formülasyonları esas alınan organik-inorganik hibrid kaplamalar, yeni bifonksiyonel fotobaşlatıcı kullanılarak UV ışınları ile sertleştirildi. UV ışınları ile sertleştirilen şeffaf organik-inorganik hibrid kaplamanın fiziksel ve mekaniksel özellikleri üzerine fotobaşlatıcının etkisi incelendi. Hazırlanan bütün hibrid kaplamalar çatlaksız ve şeffaf olarak elde edildi. Çift fonksiyonel fotobaşlatıcı ve TEOS ile hazırlanan hibrid formülasyonlar polikarbonatın sertliğini, aşınma dayanımını ve kimyasallara karşı dayanımını iyileştirdi. PC levhaların koronalanması, formülasyonların levhalar üzerine iyi yapışmasına imkan sağladı. Solvent ve kimyasallara karşı dayanım deneyleri, hibrid malzemelerin tamamının ilgili uygulamalar için iyi bir potansiyel olduğunu göstermiştir. SEM morfoloji sonuçları, modifiye edilmiş fotobaşlatıcının organik ve inorganik fazlar arasında uyumlaştırıcı olarak kullanılabileceğini göstermiştir. Si-NMR sonuçlarına göre sertleştirme işlemi sonrasında Si-O-Si kondensasyonunun arttığı görülmüştür. TEM analizinden, oluşan nano partiküllerin polimer matris içerisinde dağıldığı tespit edilmiştir. TGA sonuçlarına göre SiO_2 oranının artışıyla paralel olarak termo-oksidatif kararlılığın da arttığı görülmüştür. Hazırlanan tüm kaplamalar UV ve görünür bölgedeki ışık geçirgenliğini korumuştur.

KAYNAKLAR

[1] Allock, H.R.; Lampe, F.W.; Mark, J.E.: "*Contemporary Polymer Chemistry*"; Pearson Education, Inc., Upper Saddle River, New Jersey, USA, **(2003)** 37

[2] Odian, G.: "*Principles of Polymerization*"; Fourth Edition; Wiley Interscience, New York, USA, **(2004)** 96

[3] http://tr.wikipedia.org/wiki/Polikarbonat (Şubat 2007)

[4] Brydson, J.A.: "*Plastics Materials*"; D.Van Nostrand Company Inc., Princeton, New Jersey, USA, **(1965)** 336

[5] Baysal, B.: "*Polimer Kimyası*"; 2. Baskı; Orta Doğu Teknik Üniversitesi, Ankara, Türkiye **(1994)** 374

[6] Pişkin, E.: "*Polimerler II: Mühendislik Polimerleri*"; PAGEV Yayınları, İstanbul, Türkiye, **(2003)** 93-105

[7] www.pslc.ws/mactest/pc.htm (Şubat 2007)

[8] www.bpf.co.uk/bpfindustry/plastics_materials_Polycarbonate_PC.cfm (Şubat 2007)

[9] Claude, B.; Gonon, L.; Duchet,J.; Verney, V.; Gardette, J.L.: "Surface Cross-Linking Of Polycarbonate Under İrradiation At Long Wavelengths"; *Polymer Degradation and Stability*; 83 **(2004)** 237-240

[10] Crawford, R.J.: "*Plastics Engineering*"; 2nd Edition; Pergamon Pres, England, **(1987)** 11

[11] Okamoto, M.: "Relationship Between The End-Cup Structure Of Polycarbonates And Their Impact Resistance"; *Polymer*, 42 **(2001)** 8355-8359

[12] Ulrich, H.: "*Introduction to Industrial Polymers*"; Hanser Publishers, Germany, **(1982)** 108

[13] Tjong, S.C.; Meng, Y.Z.: "Structural-Mechanical Relationship Of Epoxy Compatibilized Polyamide 6 / Polycarbonate Blends"; *Materials Research Bulletin*, 39 **(2004)** 1791-1801

[14] Feldman, D.; Barbalata, A.: "*Synthetic Polymers*"; Chapman&Hall, **(1995)** 186

[15] Ong, H.C.; Chang, R.P.H.; Baker, N.; Oliver, W.C.: "Improvement Of Mechanical Properties Of Amorphous Carbon Films Deposited On Polycarbonate Plastics"; *Surface & Coatings Technology*, 89 **(1997)** 38-46

[16] San, J.; Zhu, B.; Liu, J.; Liu, Z.; Dong, C.; Zhang, Q.: "Mechanical Properties Of Ion-Implanted Polycarbonate"; *Surface & Coatings Technology*, 138 **(2001)** 242-249

[17] Damasceno, J.C.; Camargo Jr, S.S.; Cremona, M.: "Optical And Mechanical Properties Of DLC-Si Coatings On Polycarbonate"; *Thin Solid Films*, 433 **(2003)** 199-204

[18] Khan, M.A.; Hassan, M.M.; Drzal, L.T.: "Effect Of 2-hydroxyethyl methacrylate (HEMA) On The Mechanical And Thermal Properties Of Jute-Polycarbonate Composite"; *Composites, Part A;* 36 **(2005)** 71-81

[19] Nichols, M.E.; Peters, C.A.: "The Effect Of Weathering On The Fracture Energy Of Hardcoats Over Polycarbonate"; *Polymer Degradation and Stability*, 75 **(2002)** 439-446

[20] http://en.wikipedia.org/wiki/Polycarbonate#_note-1 (Şubat 2007)

[21] http://plastikteknolojisi.spaces.live.com (Şubat 2007)

[22] http://www.ptsllc.com/polycarb_intro.htm (Şubat 2007)

[23] Bhattacharya, R.S.: "Evaluation Of High Energy Ion-Implanted Polycarbonate For Eyewear Applications"; *Surface & Coatings Technology*, 103-104 **(1998)** 151-155

[24] Rodriguez, R.J.; Garcia, J.A.; Sanchez, R.; Perez, A.; Garrido, B.; Morante, J.: "Modification Of Surface Mechanical Properties Of Polycarbonate By Ion Implantation"; *Surface & Coatings Technology*, 158-159 **(2002)** 636-642

[25] Jang, B.N.; Wilkie, C.A.: "The Thermal Degradation Of Bisphenol A Polycarbonate In Air"; *Thermochimica Acta*, 426 **(2005)** 73-84

[26] Stuart, B.H.: "Scratch Friction Of Polycarbonate"; *Polymer Testing*; 16 **(1997)** 517

[27] Khurshudov, A.; Kato, K.: "Wear Mechanisms In Reciprocal Scratching Of Polycarbonate, Studied By Atomic Force Microscopy"; *Wear*, 205 **(1997)** 1-10

[28] Savaşçı, Ö.T.; Uyanık, N.; Akovalı, G.: "*Plastikler ve Plastik Teknolojisi*"; Çantay Kitabevi, İstanbul, Türkiye, **(1998)** 314

[29] http://www.sdplastics.com/polycarb.htm (Şubat 2007)

[30] Charitidis, C.; Laskarakis, A.; Kassavetis, S.; Gravalidis, C.; Logothetidis S.: "Optical And Nanomechanical Study Of Anti-Scratch Layers On Polycarbonate Lenses"; *Superlattices and Microstructures*; 36 **(2004)** 171-179

[31] Zajickova, L.; Bursikova, V.; Perina, V.; Mackova, A.; Subedi, D.; Janca, J.; Smirnov, S.: "Plasma Modification Of Polycarbonates"; *Surface and Coatings Technology*, 142 **(2001)** 449-454

[32] Malzbenger, J.; With G.: "Scratch Testing Of Hybrid Coatings On Float Glass"; *Surface and Coatings Technology*; 135 **(2001)** 202-207

[33] www.mam.gov.tr/enstituler/me/me-egitim-soljel.htm (Şubat 2007)

[34] Özler, F.B.: "Titanyum ve Alaşımlarının Sol-Jel Daldırma Yöntemiyle Yüzey Modifikasyonu"; *Yüksek Lisans Tezi*; İstanbul Teknik Üniversitesi Fen Bilimleri Enstitüsü, İstanbul, Türkiye, **(2007)** 4

[35] Bayramoğlu, G.: "Plexiglass Türü Malzemelerin UV Işınları İle Sertleşebilen Sol-Gel Tekniği Kullanılarak Yüzey Özelliklerinin Modifiye Edilmesi"; *Yüksek Lisans Tezi*; Marmara Üniversitesi Fen Bilimleri Enstitüsü, İstanbul, Türkiye, **(2005)** 27

[36] Çal, B.; Gündüz, O.; Salman, S.: "Sol-Jel Teknolojisi ve Endüstride Uygulama Alanları"; *1. Uluslararası Mesleki ve Teknik Eğitim Teknolojileri Kongresi*; İstanbul, Türkiye, **(2005)**

[37] Brinker, C.J.; Scherer, G.W.: "*Sol-Gel Science: The Physics and Chemistry of Sol-Gel Processing*"; Academic Press, New York, USA, **(1990)**

[38] Woters, M.E.L.; Wolfs, D.P.; Van der Linde, M.C.; Hovens, J.H.P.; Tinnemans, A.H.A.: "Transparent UV Curable Anti-Static Hybrid Coatings On Polycarbonate Prepared By The Sol-Gel Method"; *Progress in Organic Coatings*; 51 **(2004)** 312

[39] Kızılkaya, C.: "Sol-Jel Tekniğiyle Pleksiglas Üzerine Sikloalifatik Epoksi Akrilat Kaplama"; *Yüksek Lisans Tezi*; Marmara Üniversitesi Fen Bilimleri Enstitüsü; İstanbul, Türkiye, **(2006)** 4

[40] www.chemat.com (Şubat 2007)

[41] Livage, J.: "Sol-Gel Processes"; *Current Opinion in Solid State & Materials Science*; 2 **(1997)** 132-138

[42] Türünç, O.: "Poliüretan/Silika Nanokompozitler ve Kaplama Performanslarının İncelenmesi"; *Yüksek Lisans Tezi*; Marmara Üniversitesi Fen Bilimleri Enstitüsü, İstanbul, Türkiye, **(2007)** 20

[43] http://www.istanbul.edu.tr/mbgak/bildiriler/Kimya/C2-1.pdf (Şubat 2007)

[44] Haas, K. H.; Walter, H.: "Synthesis, Properties And Applications Of Inorganic-Organic Copolymers (ORMOCER(R)s)"; *Current Opinion in Solid State & Materials Science*; 4 **(1999)** 571-580

[45] Brinker, C. J.; Scherer, G. W.:_"Sol-Gel Glass: I. Gelation And Gel Structure"; *Journal of Non-Crystalline Solids*; 70 **(1985)** 301-322

[46] Brennan, A. B.; Wikes, G. L.: "Structure-Property Behaviour Of Sol-Gel Derived Hybrid Materials: Effect Of A Polymeric Acid Catalyst"; *Polymer*; 32 **(1991)** 733

[47] Zong, Z.; Soucek, M. D.; He, J.: "UV-Curable Organic-Inorganic Hybrid Films Based On Epoxynorbornene Linseed Oils"; *Progress in Organic Coatings*; 53 **(2005)** 83-90

[48] Sangermano, M.; Amerio, E.; Malucelli, G.; Priola, A.; Voit, B.: "Preparation And Characterization Of Hybrid Nanocomposite Coatings By Photopolymerization And Sol–Gel Process"; *Polymer*; 46 **(2005)** 11241

[49] Buestrich, R.; Kahlenberg, F.; Popall, M.; Dannberg, R.; Muller-Fiedler, R.; Rösch, O.: "ORMOCER(R)s For Optical Interconnection Technology"; *Journal of Sol-Gel Science and Technology*; 20 **(2001)** 181

[50] Kickelbick, G.: "*Hybrid Materials, Synthesis, Characterization And Applications*"; Wiley, Weinheim, **(2007)** 1-8

[51] Rubio, E.; Almaral, J.; Ramirez-Bon, R.; Castano, V.; Rodriguez, V.: "Organic-Inorganic Hybrid Coating (Poly(methyl/methacrylate)/Monodisperse Silica)"; *Optical Materials*; 27 **(2005)** 1266-1269

[52] Soloukhin, V.A.; Posthumus, W.; Brokken-Zijp, J.C.M.; Loos, J.; With, G.: "Mechanical Properties Of Silica-(Meth)acrylate Hybrid Coatings On Polycarbonate Subsrate"; *Polymer*; 43 **(2002)** 6169-6181

[53] Hoşgör, Z.: "UV Işınları ile Sertleşebilen Fosfin Oksit Bazlı Reçinelerin Sentezi, Karakterizasyonu ve Sol-Jel Kaplamalarda Kullanımı"; *Yüksek Lisans Tezi*; Marmara Üniversitesi Fen Bilimleri Enstitüsü, İstanbul, Türkiye, **(2004)**

[54] Kuğu, M.: "Radikalik UV Polimerizasyon İle Siloksan Modifiye Edilmiş Bisfenol A ve/veya 6F Bisfenol A Hibrid Kaplamaların Hazırlanması, Karakterizasyonu ve Uygulamaları; *Yüksek Lisans Tezi*; Marmara Üniversitesi Fen Bilimleri Enstitüsü, İstanbul, Türkiye, **(2004)** 43

[55] Kron, J.; Schottner, G.; Deichmann, K.J.: "Glass Design Via Hybrid Sol-Gel Materials"; *Thin Solid Films*; 392 **(2001)** 236-242

[56] Houbertz, R.; Domann, G.; Cronauer, C.; Schmitt, A.; Martin, A.; Park, J.-U.; Fröhlich, L.; Buestrich, R.; Popall, M.; Streppel, U.; Dannberg, P.; Wachter, C.; Brauer, A.: "Inorganic-Organic Hybrid Materials For Application In Optical Devices"; *Thin Solid Films*; 442 **(2003)** 194-200

[57] http://www.eng.deu.edu.tr/bitirme2006/tekozet.doc (Şubat 2007)

[58] Mert, A.: "Akrilat Esaslı UV Işınlarıyla Sertleşebilen Reçinelerin Sol-Jel Tekniği İle Modifiye Edilerek Diş Dolgu Malzemesi Olarak Geliştirilmesi"; *Yüksek Lisans Tezi*; Marmara Üniversitesi Fen Bilimleri Enstitüsü, İstanbul, Türkiye, **(2006)** 12

[59] Sokol, A.A.: "Ultraviolet (UV) Cured Coatings"; *UV Coatings Ltd.*; Cleveland, **(2003)** 246-253

[60] Allen, N. S.; Salleh, N.; Edge, G.M.; Shah, M.; Ley, C.; Marlet-Savary, F.; Fouassier, J. P.; Catalina, F.; Navaratnam, A.; Green, S.; Parsons, B. J.: "Photophysical Properties And Photoinduced Polymerisation Activity Of Novel 1-Chloro-4-Oxy/Acyloxythioxanthone Initiators"; *Polymer*; 40 **(1999)** 4181

[61] Corrales, T.; Catalina, F.; Peinado, C.; Allen, N.S.J.: "Free Radical Macrophotoinitiators: An Overview On Recent Advances"; *Journal of Photochemistry and Photobiology A-Chemistry*; 159 **(2003)** 103-114

[62] Fouassier, J. P.; Allonas, X.; Burget, D.: "Photopolymerization Reactions Under Visible Lights: Principle, Mechanisms And Examples Of Applications"; *Progress in Organic Coatings* ; 47 **(2003)** 16-36

[63] İnan, T.Y.; Ekinci, E.; Kuyulu, A.; Güngör, A.: "Preparation Of Novel UV-Curable Methacrylated Urethane Resins From A Modified Epoxy Resin And Isocyanatoethylmethacrylate (IEM) "; *Polymer Bulletin*; 47 **(2002)** 437-444

[64] Bayramoğlu, G.; Kahraman, M.V.; Apohan, N.K.; Güngör, A.: "Synthesis And Characterization Of UV-Curable Dual Hybrid Oligomers Based On Epoxy Acrylate Containing Pendant Alkoxysilane Groups"; *Progress in Organic Coatings*"; 57 **(2006)** 50-55

[65] Innocenzi, P.; Brusatin, G.; "A Comparative FTIR Study Of Thermal And Photo-Polymerization Processes In Hybrid Sol-Gel Films"; *Journal of Non-Crystalline Solids*; 333 **(2004)** 137-142

[66] Grampel, R.D.V.; Ming, W.; Gennip, W.J.H.; Velden, F.V.; Laven, J.; Niemantsverdriet, J.W.R.; Linde, V.: "Thermally Cured Low Surface-Tension Epoxy Films"; *Polymer*; 46 **(2005)** 10531

[67] Johansson, K.; Johansson, M.: "A Model Study On Fatty Acid Methyl Esters As Reactive Diluents In Thermally Cured Coil Coating Systems"; *Progress in Organic Coatings*; 55 **(2006)** 382-387

[68] Kahraman, M.V.; Kuğu, M.; Menceloğlu, Y.; Apohan, N.K.; Güngör, A.: "The Novel Use Of Organo Alkoxy Silane For The Synthesis of Organic-Inorganic Hybrid Coatings" *Journal of Non-Crystalline Solids*; 352 **(2005)** 2143-2151

[69] Gilberts, J.; Tinnemans, A.H.A.: "UV Curable Hard Transparent Hybrid Coating Materials On Polycarbonate Prepared By The Sol-Gel Method"; *Journal of Sol-Gel Science and Technology*; 11 **(1998)** 153-159

[70] Güngör, A.: "UV Işınları ile Sertleşebilen Polimerik Filmlerin Hazırlanması, Karakterizasyonu ve Uygulama Alanları"; *Doktora Tezi*; İstanbul Teknik Üniversitesi Fen Bilimleri Enstitüsü; İstanbul, Türkiye, **(1987)** 16

[71] Bongiovanni, R.; Montefusco, F.; Priola, A.; Macchioni, N.; Lazzeri, S.; Sozzi, L.; Ameduri, B.: "High Performance UV-Cured Coatings For Wood Protection"; *Progress in Organic Coatings*; 45 **(2002)** 359-363

[72] Kartal İ.; Çakır, M.; Boztoprak, Y.: "UV Işınlarıyla Sertleşebilen Kaplama Teknolojisi"; *Plastik Ambalaj Dergisi*; 123, **(2007)**

[73] Schmidle, C.S.: "Ultraviolet Curable Flexible Coatings"; *Journal of Coated Fabrics*; 8 **(1978)** 10-20

[74] Sacks, M.: "UV Curing Of Coatings, Printing Inks And Adhesives"; *Process Economics Program*; Menlo Park, California, Report No.152 **(1982)**

[75] Decker, C.: "UV-Radiation Curing Chemistry"; *Pigment & Resin Technology*; 30 **(2001)** 278-286

[76] Nash, H.A.: "The Use Of Cycloaliphatic Epoxides In Latex And UV Curable Coatings"; *Doctor Thesis*; North Dakota State University, North Dakota, **(2003)**

[77] Pappas, S.P.: "*UV Curing Science And Technology*", Technology Marketing Corporation, Stanford, USA, **(1978)**

[78] www.ciba.com/ind-paints_and_coatings_technologies_curing-uvcuring (Ocak 2008)

[79] Karabekir, Y.: "İleri Teknoloji İçeren Geniş Kullanım Amaçlı Çağdaş ve Çevre Dostu Bir Yöntem: UV Teknolojisi"; *Kimya Teknolojileri*; 50 **(2005)**

[80] www.emagroup.net/tr/sektorler_tr.htm (Şubat 2007)

[81] www.tr.heidelberg.com/www/html/tr/content/articles/product (Şubat 2007)

[82] Kahraman, M.V.; Bayramoğlu, G.; Apohan, N.K.; Güngör, A.: "UV-Curable Methacrylated/Fumaric Acid Modified Epoxy As A Potential Support For Enzyme Immobilization"; *Reactive & Functional Polymers*; 67 **(2007)** 97-103

[83] Bayramoğlu G.; Kahraman M.V.; Apohan N.K.; Güngör A.: "The Coating Performance Of Adipic Acid Modified And Methacrylated Bisphenol-A Based Epoxy Oligomers"; *Polymers for Advanced Technologies*; 18 **(2007)** 173-179

[84] Crivello, J.V.: "UV And Electron Beam-Induced Cationic Polymerization"; *Beam Interactions with Materials & Atoms*; 151 **(1999)** 8-21

[85] Oestreich, S.; Struck, S.: "Additives For UV-Curable Coatings And Inks"; *Macromolecular Symposia*; 187 **(2002)** 333-342

[86] Güngör, A.; İnan, T.Y.; Yıldız, E.; Özarslan, Ö.; Kuyulu, A.; Savaşçı, Ö.T.; "UV Işınlarıyla Sertleşebilen Kaplamalar ve Laklar"; *Plastik-Ambalaj Dergisi*; İstanbul, Türkiye, **(2001)**

[87] Sepeur, S.; Kunze, N.; Werner, B.; Schmidt, H.: "UV Curable Hard Coatings On Plastics"; *Thin Solid Films*; 351 **(1999)** 216-219

[88] www.uvcuring.com/uvguide/chap3_2/chapter3_2.htm (Mart 2007)

[89] www.pirintas.com.tr/MÜREKKEP%20VE%20LAKLAR.doc (Mart 2007)

[90] www.signgraphic.com.tr/89/19.html (Mart 2007)

[91] www.cdphe.state.co.us/ap/p2/PDF/chapter%206.pdf (Mart 2007)

[92] www.reklamdergisi.com/12-23.html (Mart 2007)

[93] www.ambalajtasarimi.com/node/77 (Mart 2007)

[94] www.pfonline.com/articles/040405.html (Mart 2007)

[95] Mills, P.: "Robotic UV Curing For Automotive Exterior Applications: A Cost-Effective And Technically Viable Alternative For UV Curing"; *North American Automotive UV Consortium*; Strongsville, Ohio, USA, **(2005)**

[96] http://www.rahn-roup.com (Mart 2007)

[97] www.photonics.com/content/spectra/2006/June/products/83048.aspx (Haziran 2007)

[98] Mraz, S.J.; Brenner W.: "*UV-Curable Adhesives*"; Master Bond, Hackensack, NJ, **(2007)**

[99] Quintino, L.; Pires, I.: "Overview Of The Technology Of Adhesive Bonding In Medical Applications"; *Medical Device Manufacturing & Techology*; **(2004)** 55-56

[100] Cai, Y.; Jessop, L.P.: "Photopolymerization, Free Radical"; *Encyclopedia of Polymer Science and Technology*; John Wiley & Sons, USA, **(2002)**

[101] http://www.uvcuring.com/uvguide/chap3_1/chapter3_1.htm (Mart 2007)

[102] Çeliker, G.: "Nanotechnology In Packaging Industry And Its Applications"; *http://www.dyo.com.tr;* İstanbul, Türkiye, **(2005)** 1-8

[103] Markgraf, D.A.: "Corona Treatment: An Overview"; *Enercon Industries Corporation*; 1-46

[104] Park, S.J.; Jin, J.S.: "Effect Of Corona Discharge Treatment On The Dyeability Of Low-Density Polyethylene Film"; *Journal of Colloid and Interface Science*; 236 **(2001)** 155-160

[105] http://tr.wikipedia.org/wiki/korona (Ocak 2008)

[106] Bilgili, M.: "Plastik Levhalarda Uygulanan Korona İşlemi"; *PAGEV Plastik Dergisi*; İstanbul, Türkiye, Ocak-Şubat **(2002)** 72-73

[107] http://www.karkimya.com.tr/urunler_test_sel_5.html (Ocak 2008)

[108] http://www.trl.com/services/materialstesting/paint_solvent.html (Ocak 2008)

[109] Kayalı, E.S.; Çimenoğlu, H.: "*Malzemelerin Mekanik Davranışı*"; İstanbul Teknik Üniversitesi Kimya-Metalurji Fakültesi, 2. Baskı; İstanbul, Türkiye, **(1991)** 96-98

[110] Ebewele, R.O.: "*Polymer Science and Technology*"; CRC Press, New York, USA, **(2002)**

[111] Pişkin, E.: "*Polimer Teknolojisine Giriş*"; İnkılap Kitapevi, İstanbul, Türkiye, **(1987)** 154

[112] http://www.kimyaevi.org (Ocak 2008)

[113] Akovalı, G.: "*Temel ve Uygulamalı Polimer, (Polimer Yaz Okulu Ders Notları)*"; A.Ü.F.F. Basımevi; Ankara, Türkiye, **(1984)** 318-319

EKLER

EK I - Şekil 1

Numune: A1 / 1

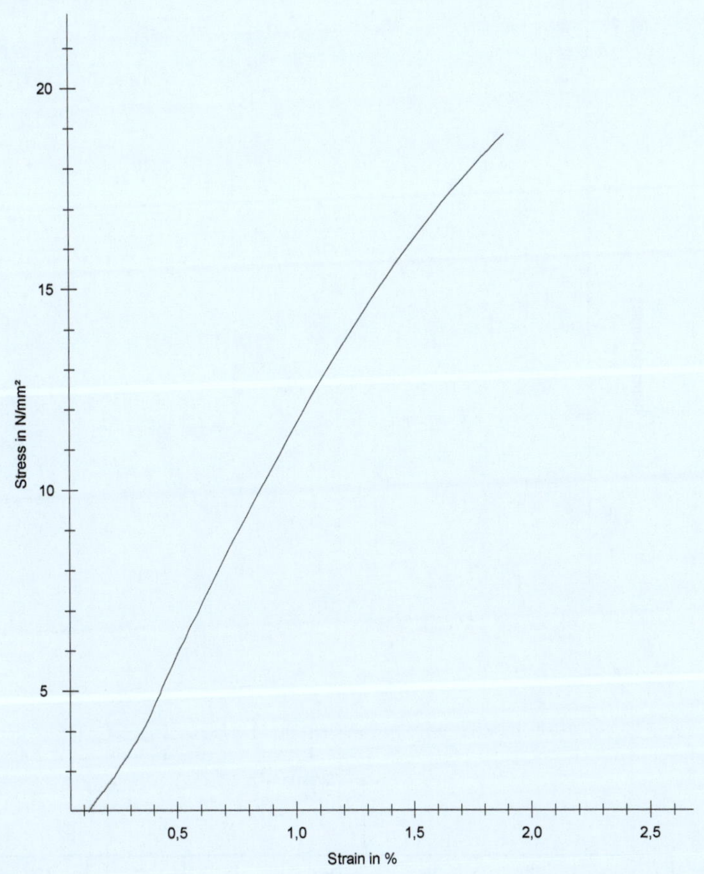

	a_0	b_0	S_0	E	$\sigma_ç$	σ_k	ε
Nr	mm	mm	mm²	MPa	MPa	MPa	%
1	1	10	40	882,65	18,85	18,85	1,89

EK I - Şekil 2

Numune: A1 / 2

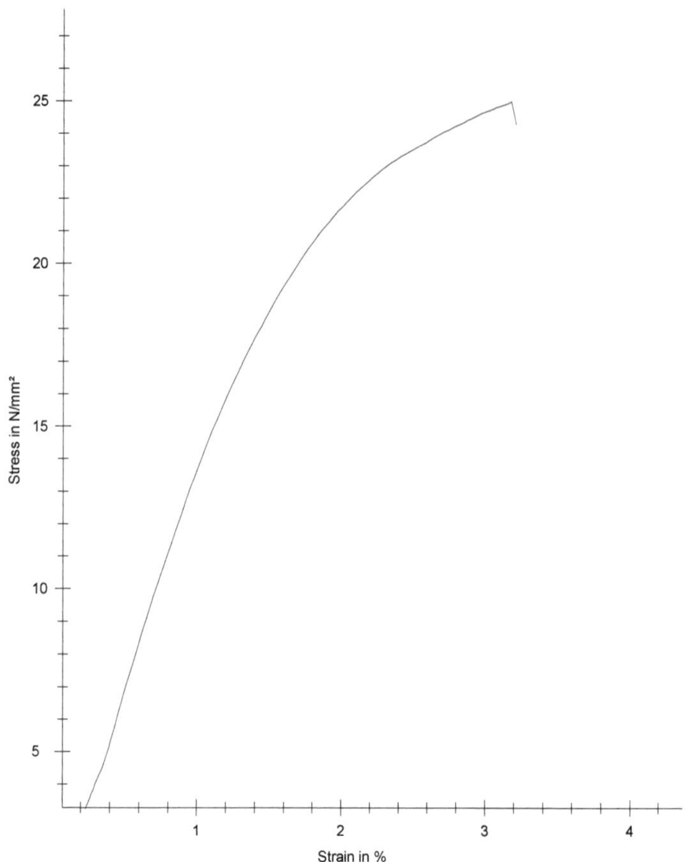

	a_0	b_0	S_0	E	$\sigma_ç$	σ_k	ε
Nr	mm	mm	mm²	MPa	MPa	MPa	%
2	1	10	10	960,63	24,98	24,29	3,2

EK I - Şekil 3

Numune: A2 / 1

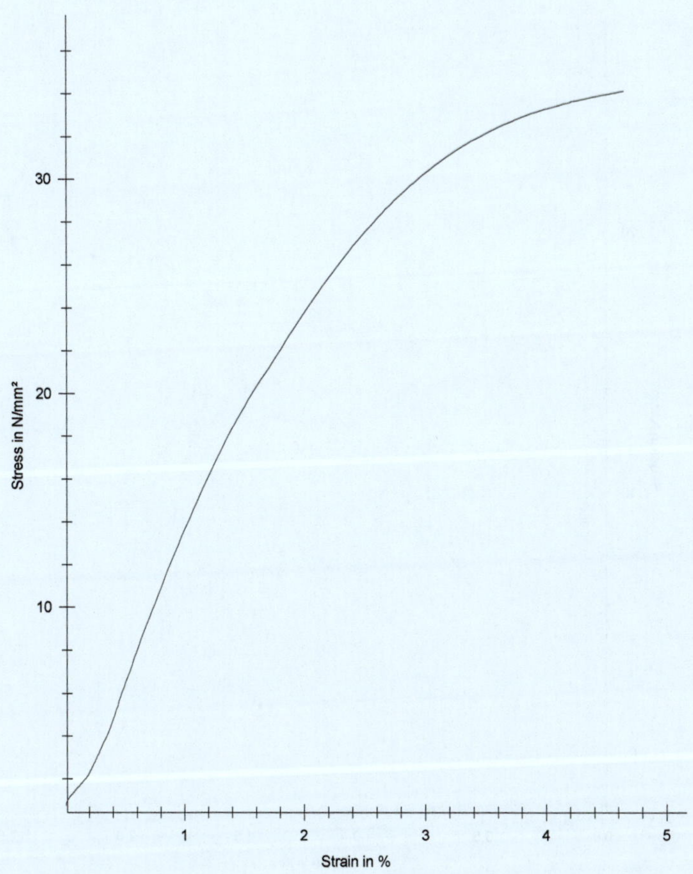

	a_0	b_0	S_0	E	$\sigma_ç$	σ_k	ε
Nr	mm	mm	mm²	MPa	MPa	MPa	%
1	1	10	10	786,27	34,13	34,13	4,64

EK I - Şekil 4

Numune: A2 / 2

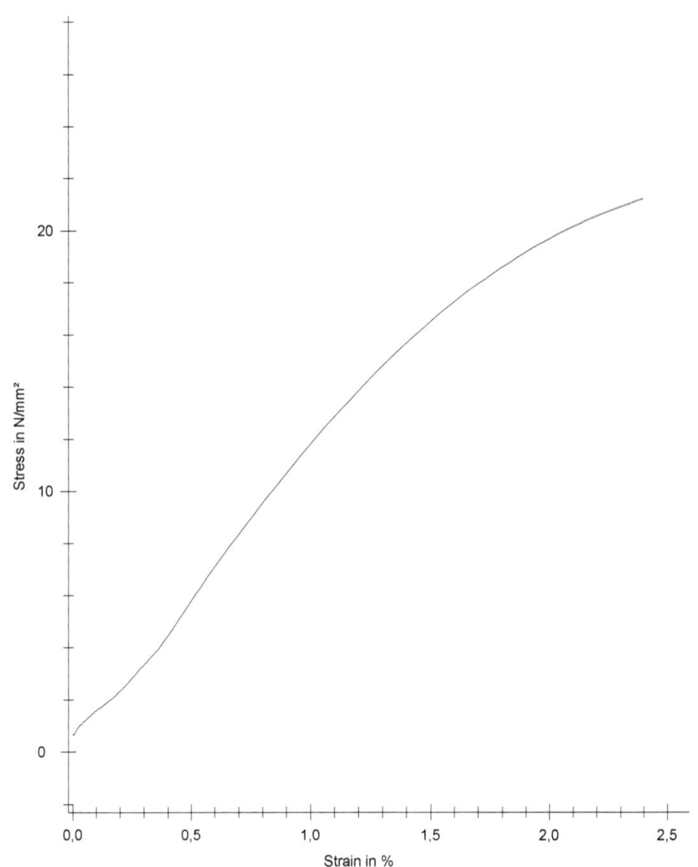

	a_0	b_0	S_0	E	$\sigma_ç$	σ_k	ε
Nr	mm	mm	mm²	MPa	MPa	MPa	%
2	1	10	10	828,55	21,22	21,22	2,39

EK I - Şekil 5

Numune: A3

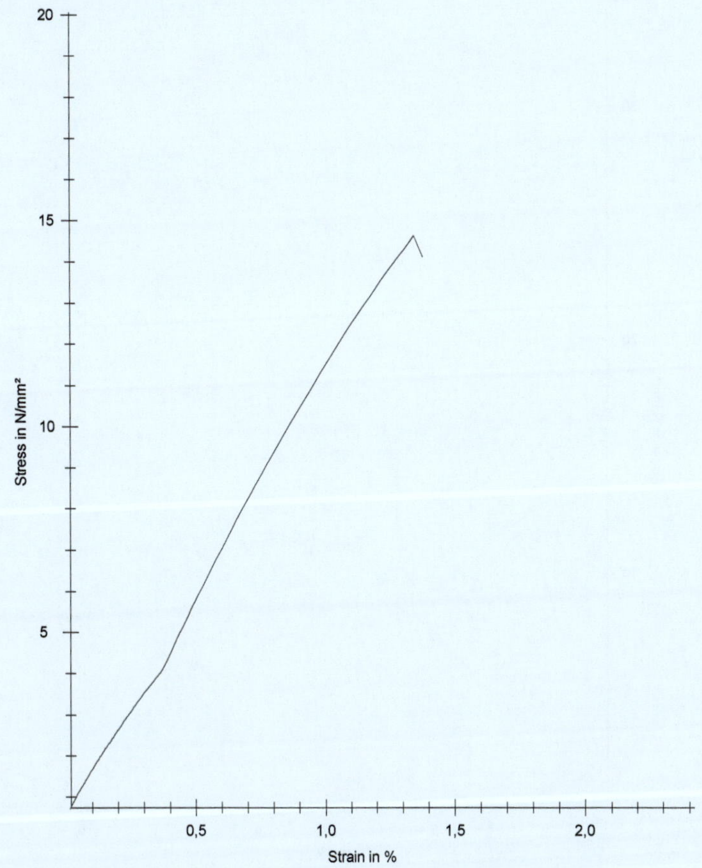

	a_0	b_0	S_0	E	$\sigma_ç$	σ_k	ε
Nr	mm	mm	mm²	MPa	MPa	MPa	%
1	1	10	10	971,76	14,62	14,12	1,38

EK I - Şekil 6

Numune: B1 / 1

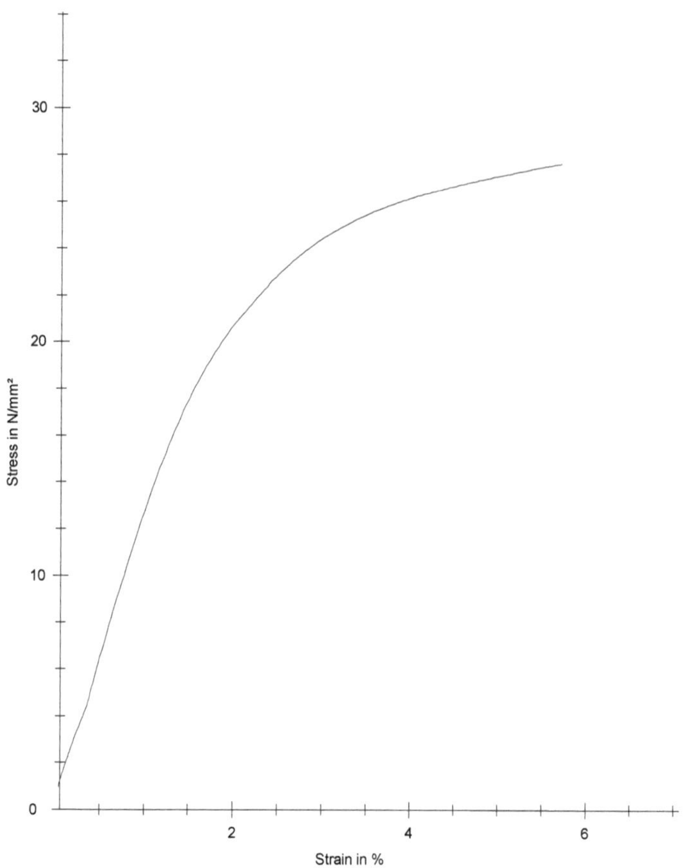

	a_0	b_0	S_0	E	$\sigma_ç$	σ_k	ε
Nr	mm	mm	mm²	MPa	MPa	MPa	%
1	1	10	10	1077,17	27,65	27,65	5,7

EK I - Şekil 7

Numune: B1 / 2

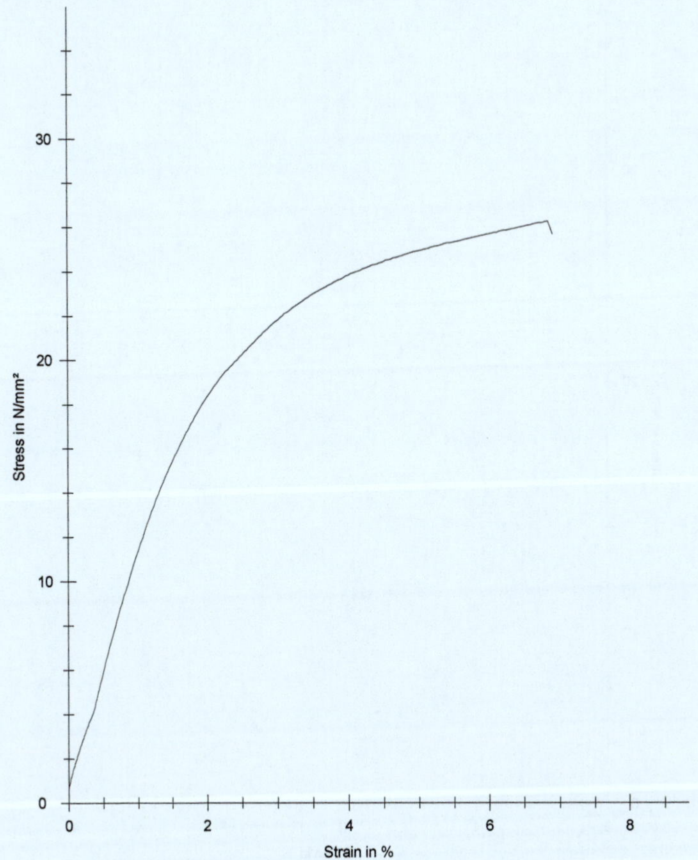

	a_0	b_0	S_0	E	$\sigma_ç$	σ_k	ε
Nr	mm	mm	mm²	MPa	MPa	MPa	%
2	1	10	10	994,76	26,26	25,69	6,91

EK I - Şekil 8

Numune: B2

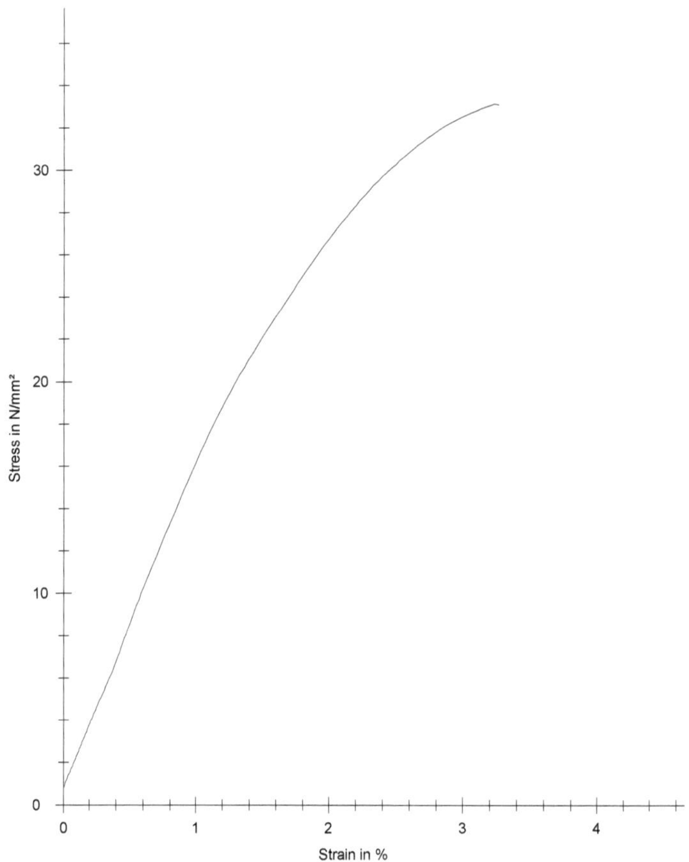

	a_0	b_0	S_0	E	$\sigma_ç$	σ_k	ε
Nr	mm	mm	mm²	MPa	MPa	MPa	%
1	1	10	10	1498,92	33,16	33,11	3,26

EK I - Şekil 9

Numune: B3 / 1

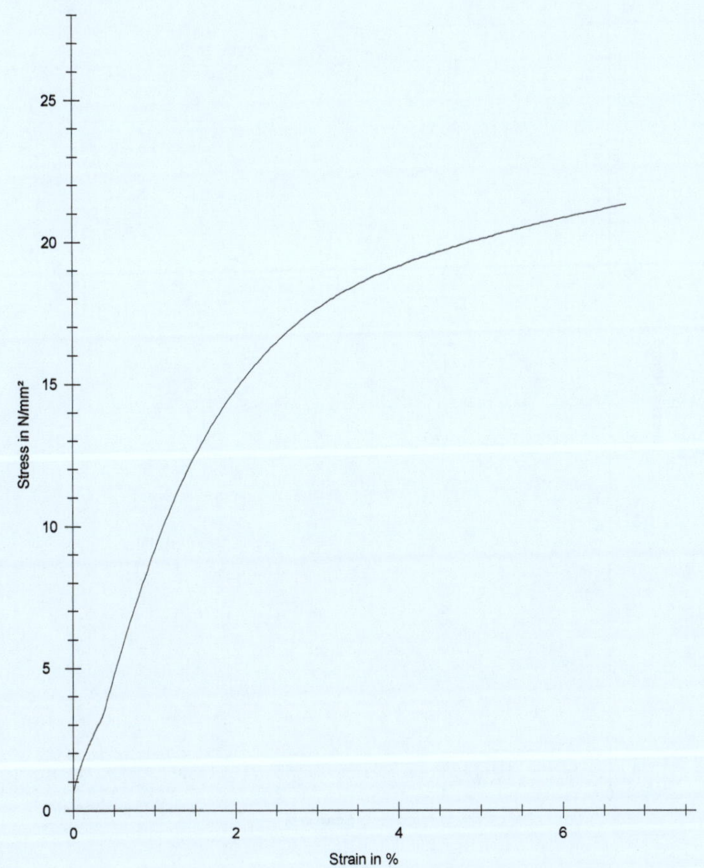

	a_0	b_0	S_0	E	$\sigma_ç$	σ_k	ε
Nr	mm	mm	mm²	MPa	MPa	MPa	%
1	1	10	10	750,72	21,33	21,33	6,77

EK I - Şekil 10

Numune: B3 / 2

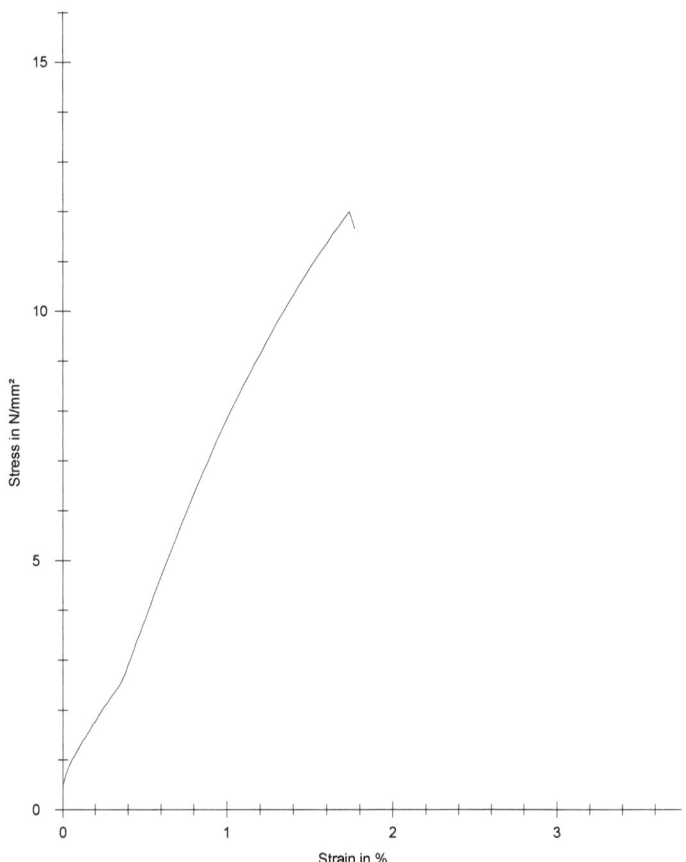

	a_0	b_0	S_0	E	$\sigma_ç$	σ_k	ε
Nr	mm	mm	mm²	MPa	MPa	MPa	%
2	1	10	10	548,51	12,01	11,67	1,77

EK I - Şekil 11

Numune: C1 / 1

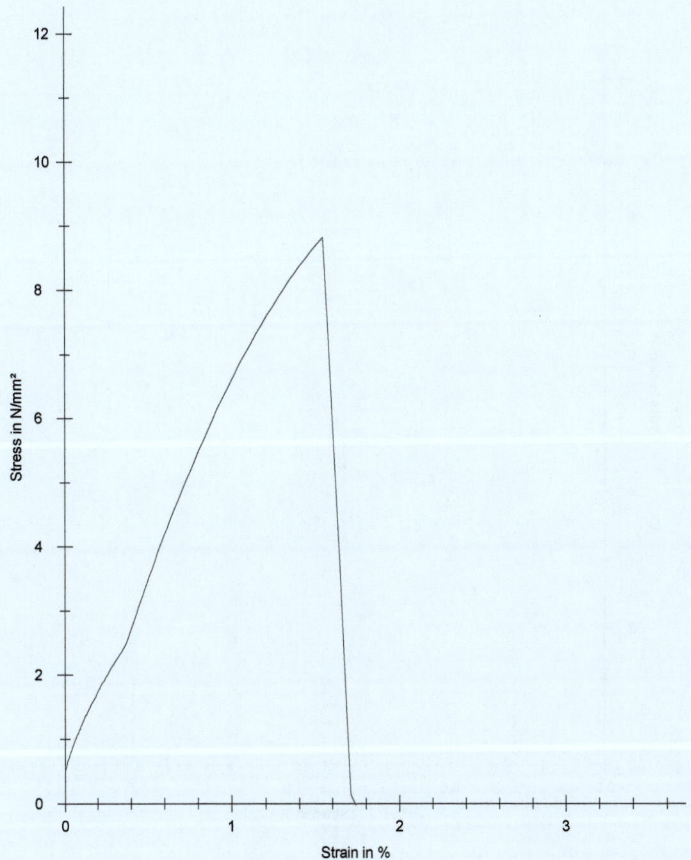

	a_0	b_0	S_0	E	$\sigma_ç$	σ_k	ε
Nr	mm	mm	mm²	MPa	MPa	MPa	%
1	1	10	10	536,88	8,82	-	-

EK I - Şekil 12

Numune: C1 / 2

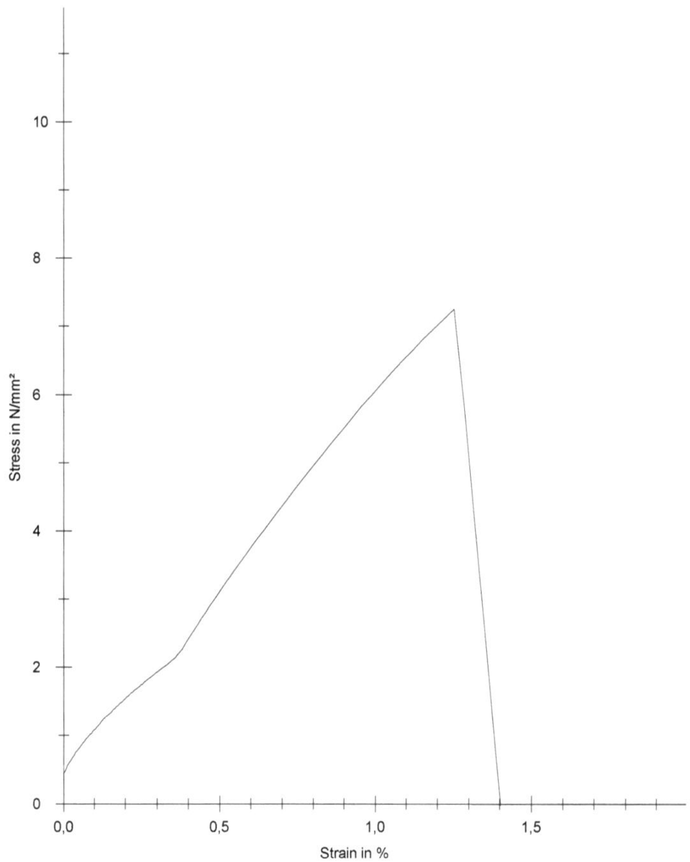

	a_0	b_0	S_0	E	$\sigma_ç$	σ_k	ε
Nr	mm	mm	mm²	MPa	MPa	MPa	%
2	1	10	10	464,25	7,25	-	-

EK I - Şekil 13

Numune: C2 / 1

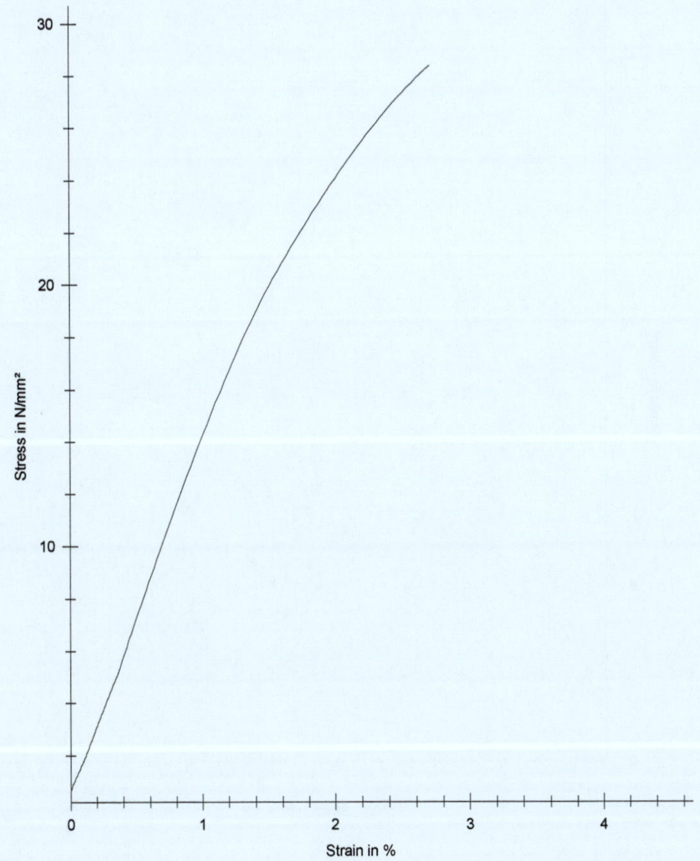

	a_0	b_0	S_0	E	$\sigma_ç$	σ_k	ε
Nr	mm	mm	mm²	MPa	MPa	MPa	%
1	1	10	10	1263,83	28,39	28,39	2,7

EK I - Şekil 14

Numune: C2 / 2

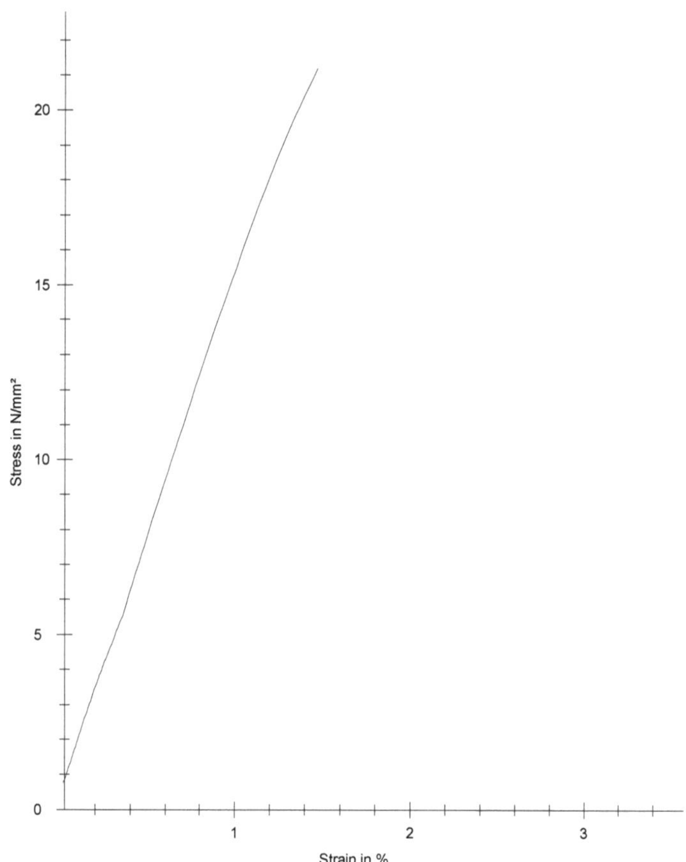

	a_0	b_0	S_0	E	$\sigma_ç$	σ_k	ε
Nr	mm	mm	mm²	MPa	MPa	MPa	%
2	1	10	10	1442,48	21,19	21,19	1,47

EK I - Şekil 15

Numune: C3 / 1

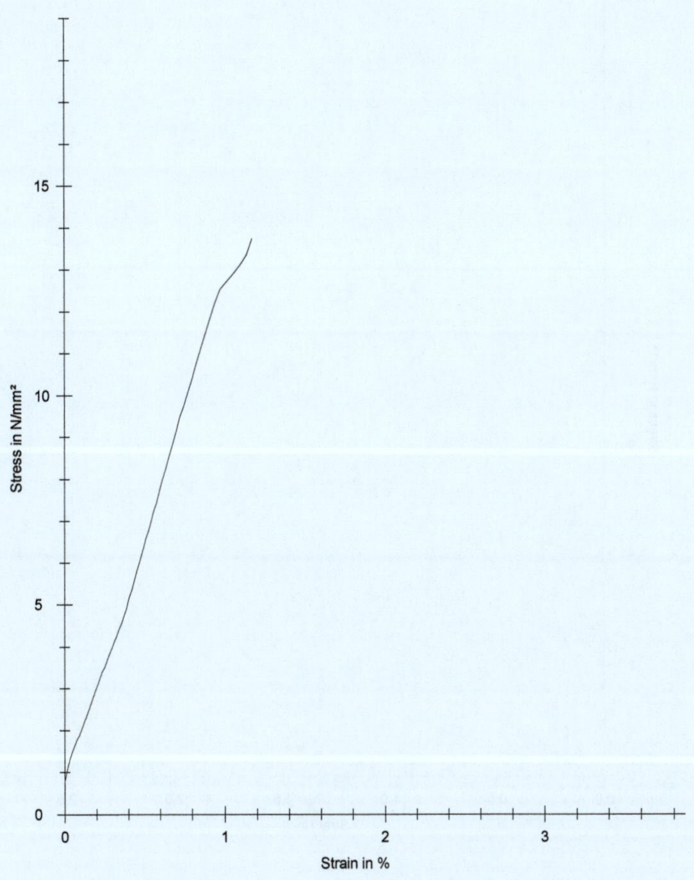

	a_0	b_0	S_0	E	$\sigma_ç$	σ_k	ε
Nr	mm	mm	mm²	MPa	MPa	MPa	%
1	1	10	10	1014	13,73	13,73	1,17

EK I - Şekil 16

Numune: C3 / 2

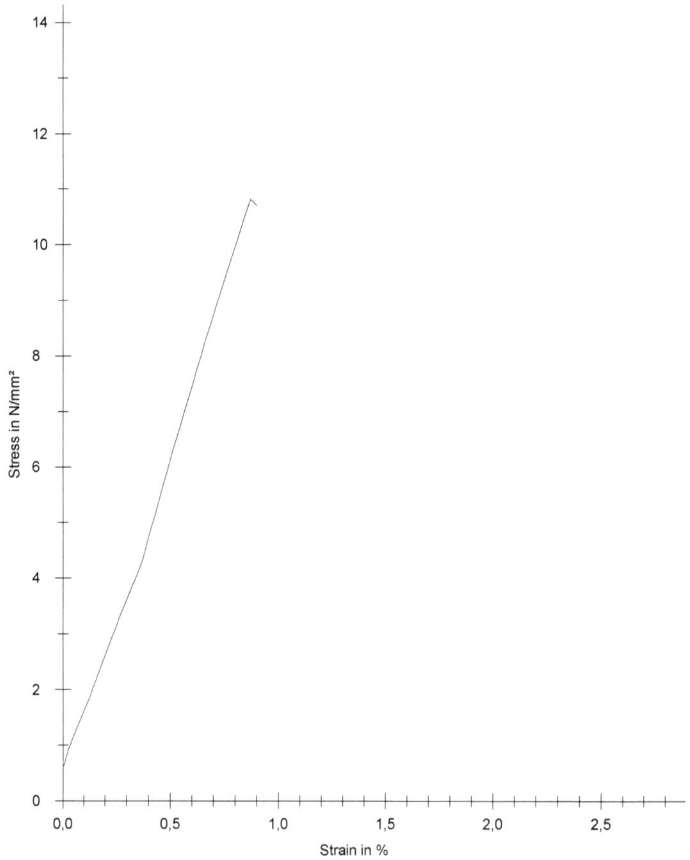

	a_0	b_0	S_0	E	$\sigma_ç$	σ_k	ε
Nr	mm	mm	mm²	MPa	MPa	MPa	%
2	1	10	10	988,1	10,82	10,71	0,9

EK I - Şekil 17

Numune: PA1 / 1

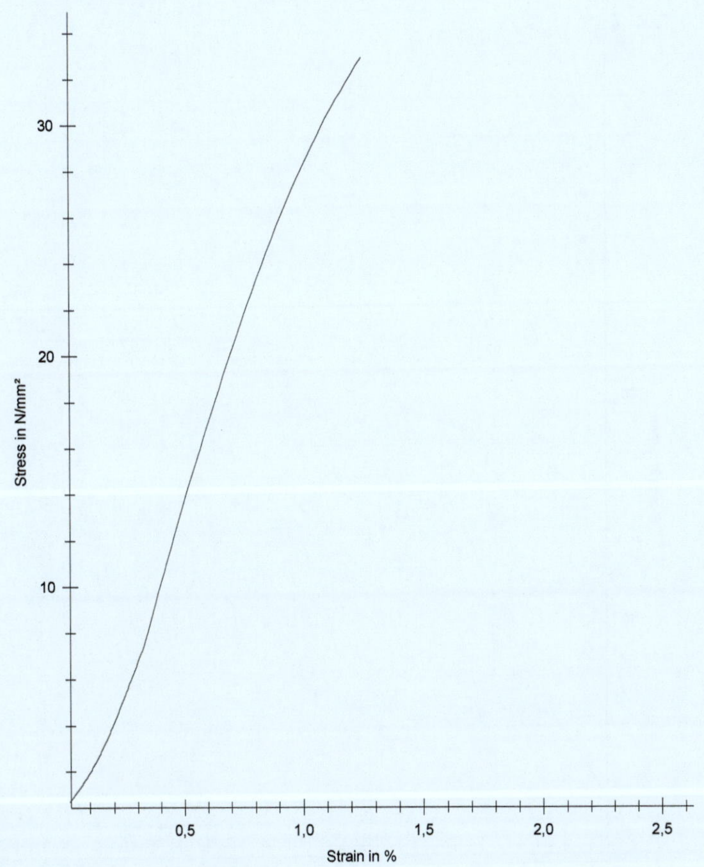

	a_0	b_0	S_0	E	$\sigma_ç$	σ_k	ε
Nr	mm	mm	mm²	MPa	MPa	MPa	%
1	1	10	10	2100,88	32,9	32,9	1,25

EK I - Şekil 18

Numune: PA1 / 2

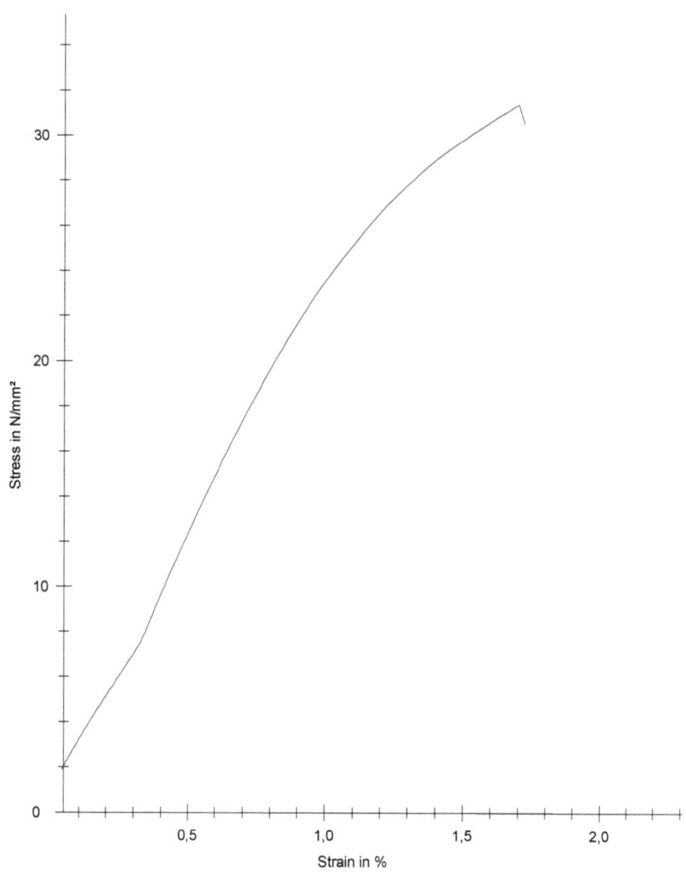

	a_0	b_0	S_0	E	$\sigma_ç$	σ_k	ε
Nr	mm	mm	mm²	MPa	MPa	MPa	%
2	1	10	10	1963,22	31,37	30,54	1,72

EK I - Şekil 19

Numune: PA1 / 3

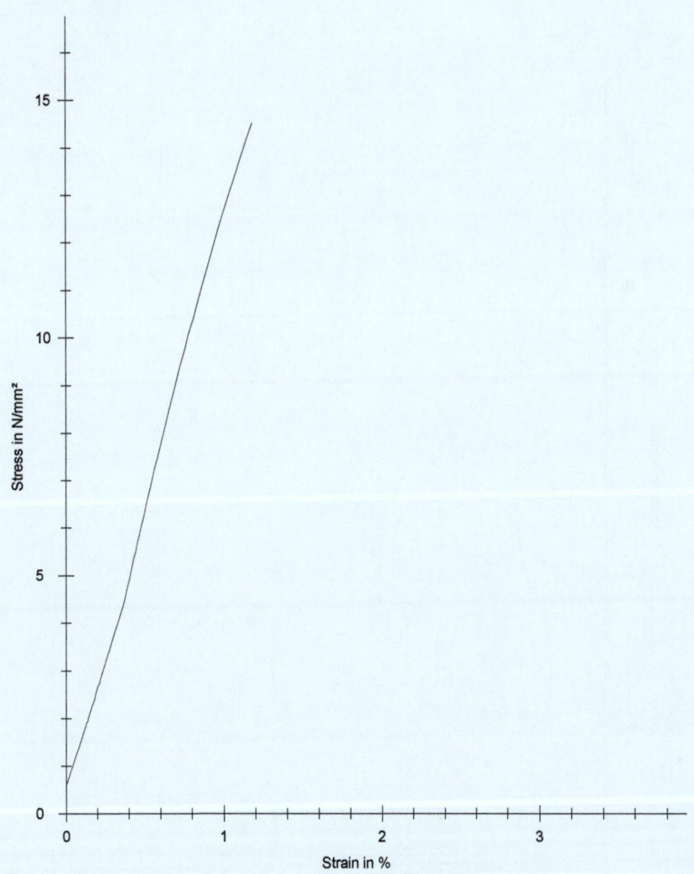

	a_0	b_0	S_0	E	$\sigma_ç$	σ_k	ε
Nr	mm	mm	mm²	MPa	MPa	MPa	%
3	1	10	10	1055,62	14,54	14,54	1,18

EK I - Şekil 20

Numune: PA2

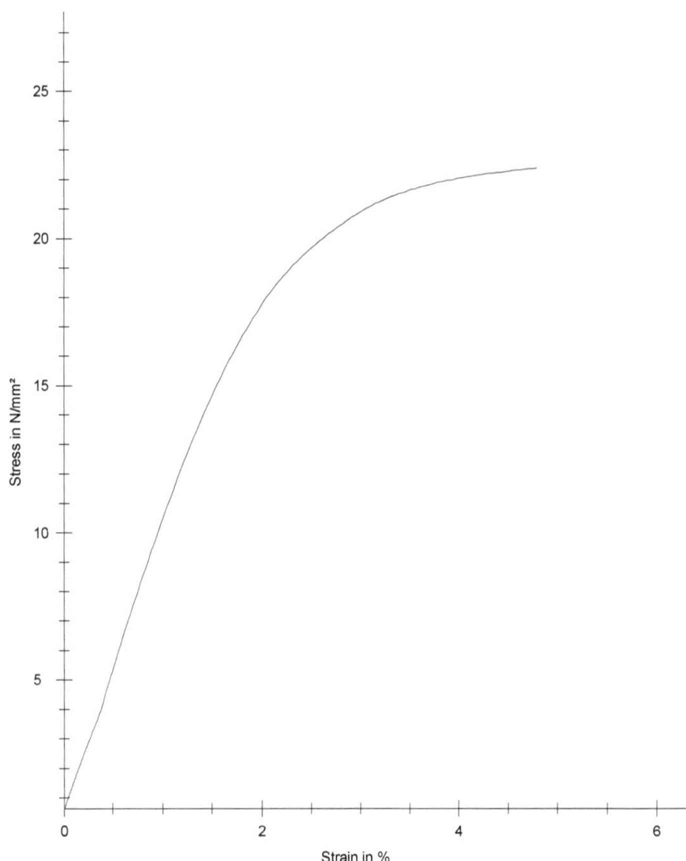

	a_0	b_0	S_0	E	$\sigma_ç$	σ_k	ε
Nr	mm	mm	mm²	MPa	MPa	MPa	%
1	1	10	10	905,21	22,38	22,38	4,78

EK I - Şekil 21

Numune: PA3 / 1

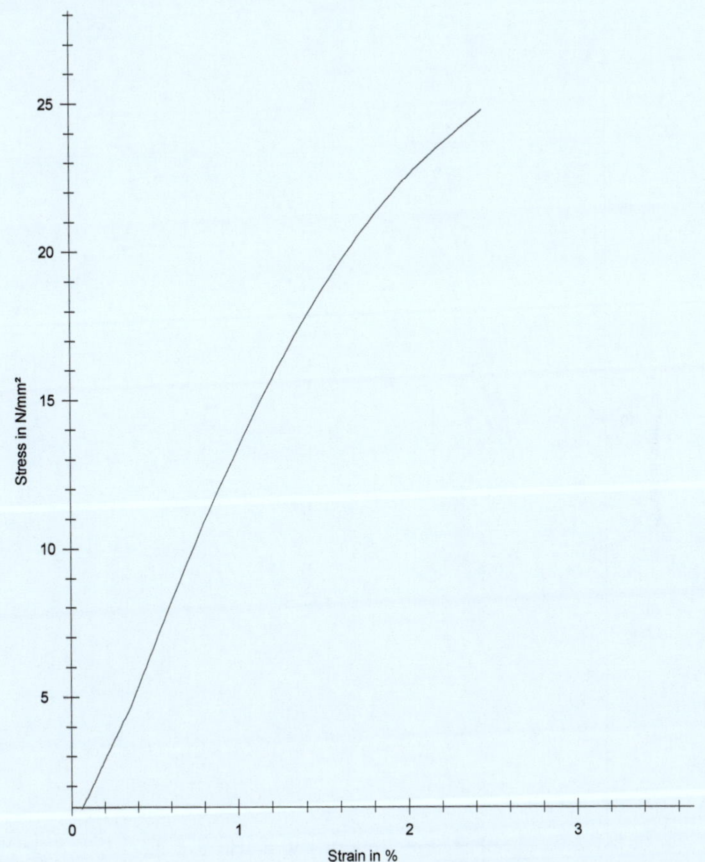

	a_0	b_0	S_0	E	$\sigma_ç$	σ_k	ε
Nr	mm	mm	mm²	MPa	MPa	MPa	%
1	1	10	10	1161,72	24,77	24,77	2,44

EK I - Şekil 22

Numune: PA3 / 2

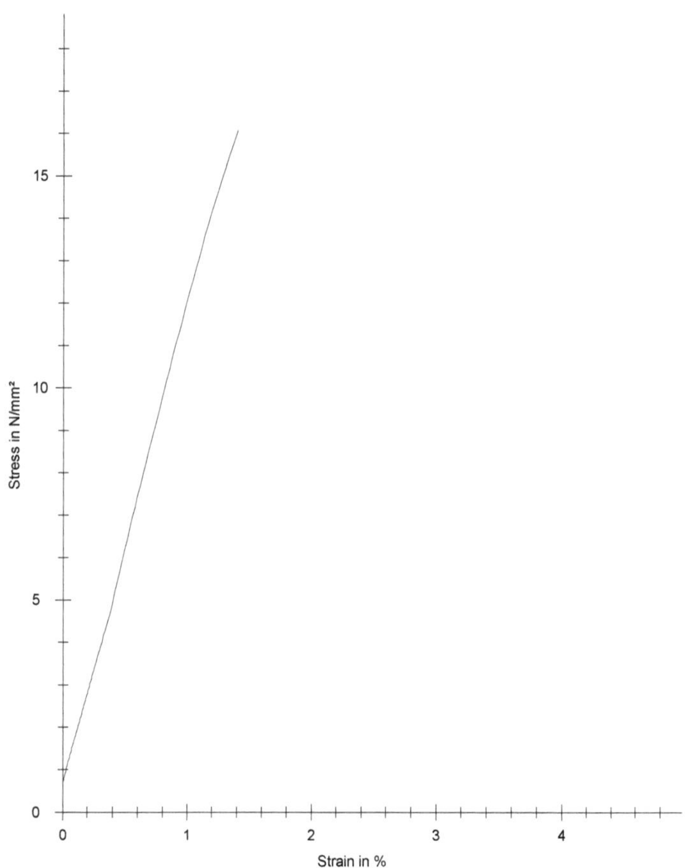

	a_0	b_0	S_0	E	$\sigma_ç$	σ_k	ε
Nr	mm	mm	mm²	MPa	MPa	MPa	%
2	1	10	10	1047,41	16,07	16,07	1,4

EK I - Şekil 23

Numune: PB1 / 1

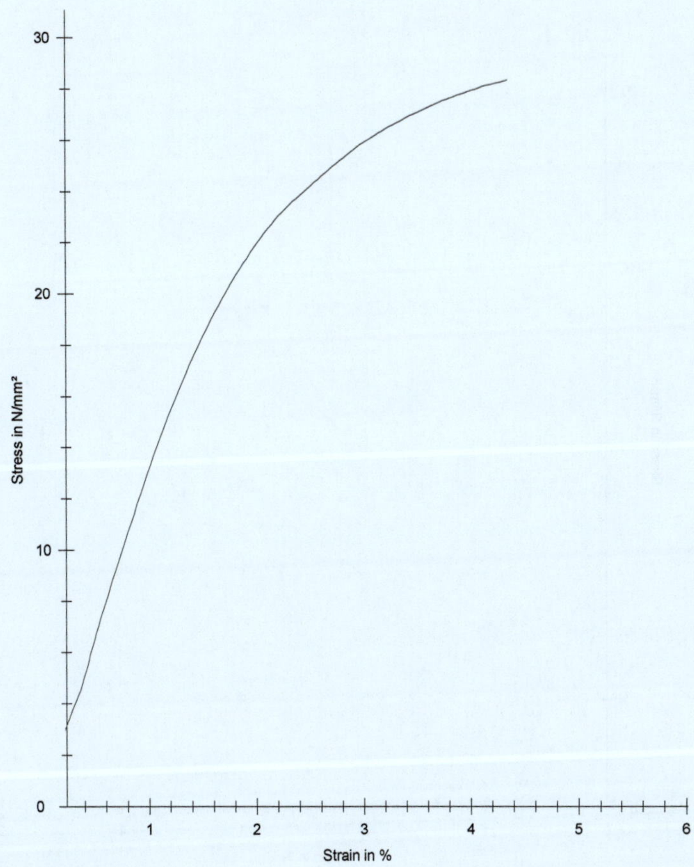

	a_0	b_0	S_0	E	$\sigma_ç$	σ_k	ε
Nr	mm	mm	mm²	MPa	MPa	MPa	%
1	1	10	10	1100,1	28,34	28,34	4,35

EK I - Şekil 24

Numune: PB1 / 2

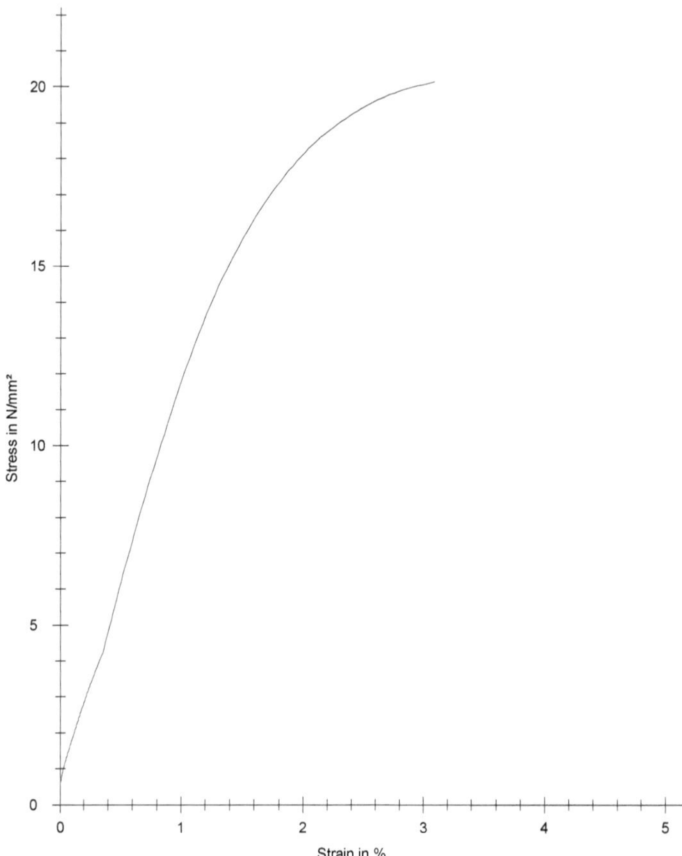

	a_0	b_0	S_0	E	$\sigma_ç$	σ_k	ε
Nr	mm	mm	mm²	MPa	MPa	MPa	%
2	1	10	10	1020,39	20,14	20,14	3,08

EK I - Şekil 25

Numune: PB2 / 1

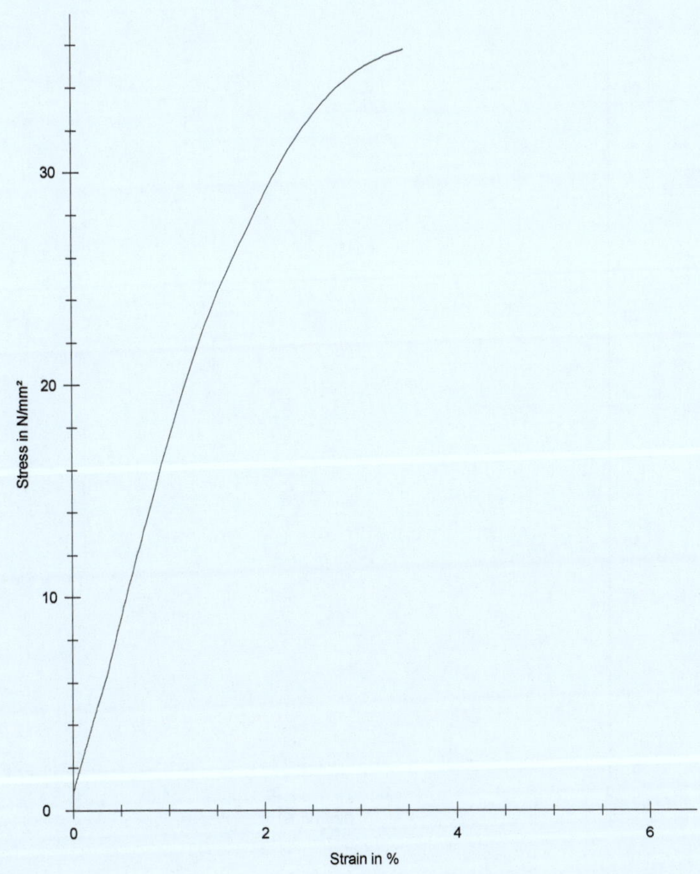

	a_0	b_0	S_0	E	$\sigma_ç$	σ_k	ε
Nr	mm	mm	mm²	MPa	MPa	MPa	%
1	1	10	10	1578,38	35,78	35,78	3,46

EK I - Şekil 26

Numune: PB2 / 2

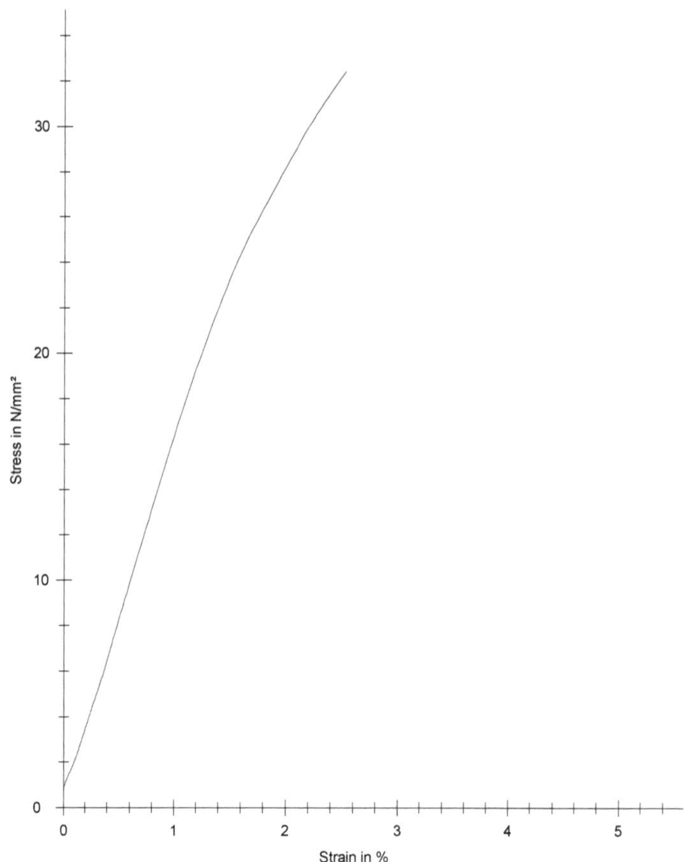

	a_0	b_0	S_0	E	$\sigma_ç$	σ_k	ε
Nr	mm	mm	mm²	MPa	MPa	MPa	%
2	1	10	10	1389,26	32,42	32,42	2,53

EK I - Şekil 27

Numune: PB2 / 3

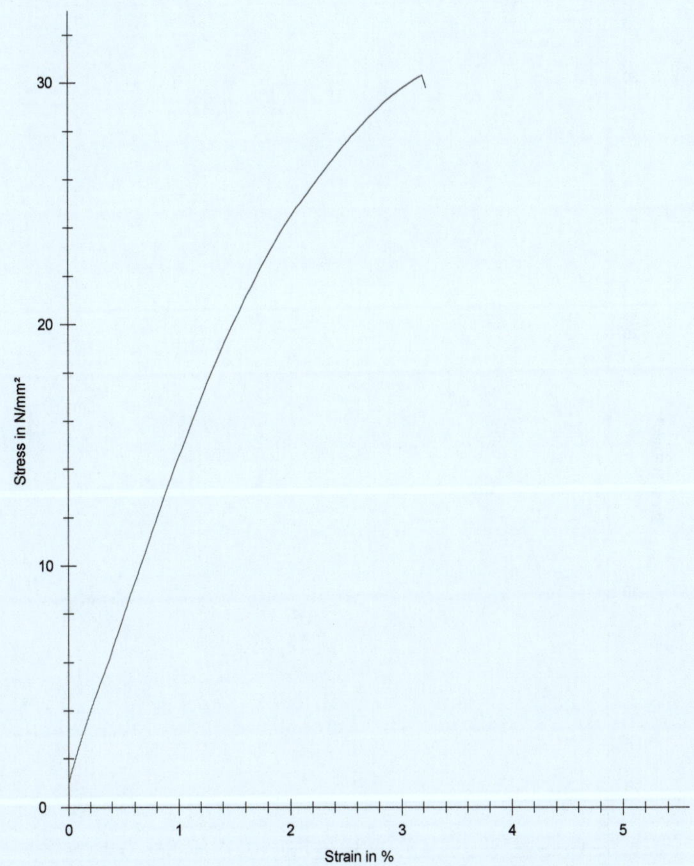

	a_0	b_0	S_0	E	$\sigma_ç$	σ_k	ε
Nr	mm	mm	mm²	MPa	MPa	MPa	%
3	1	10	10	1410,81	30,31	29,79	3,22

EK I - Şekil 28

Numune: PB3 / 1

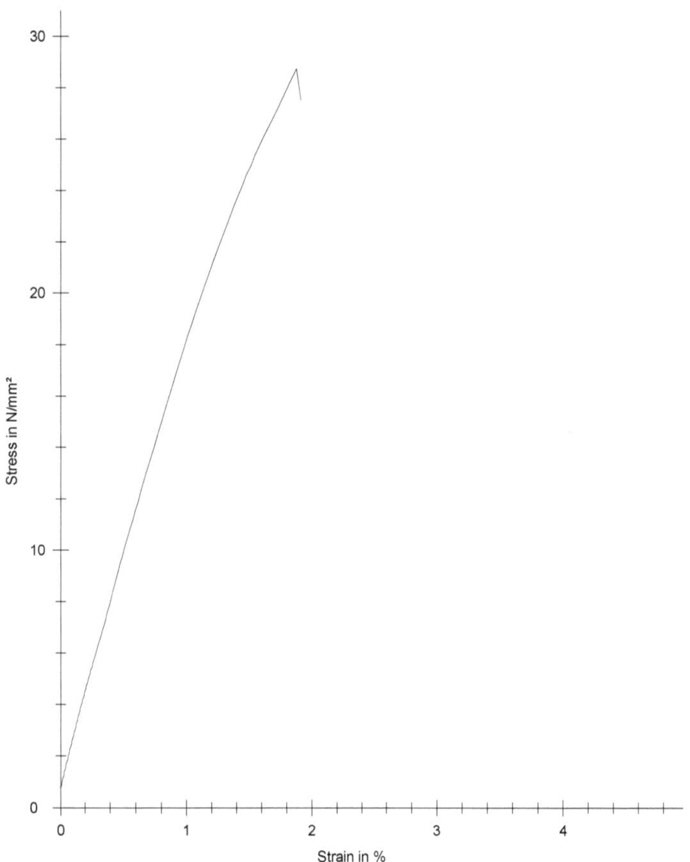

	a_0	b_0	S_0	E	$\sigma_ç$	σ_k	ε
Nr	mm	mm	mm²	MPa	MPa	MPa	%
1	1	10	10	1828,92	28,74	27,5	1,91

EK I - Şekil 29

Numune: PB3 / 2

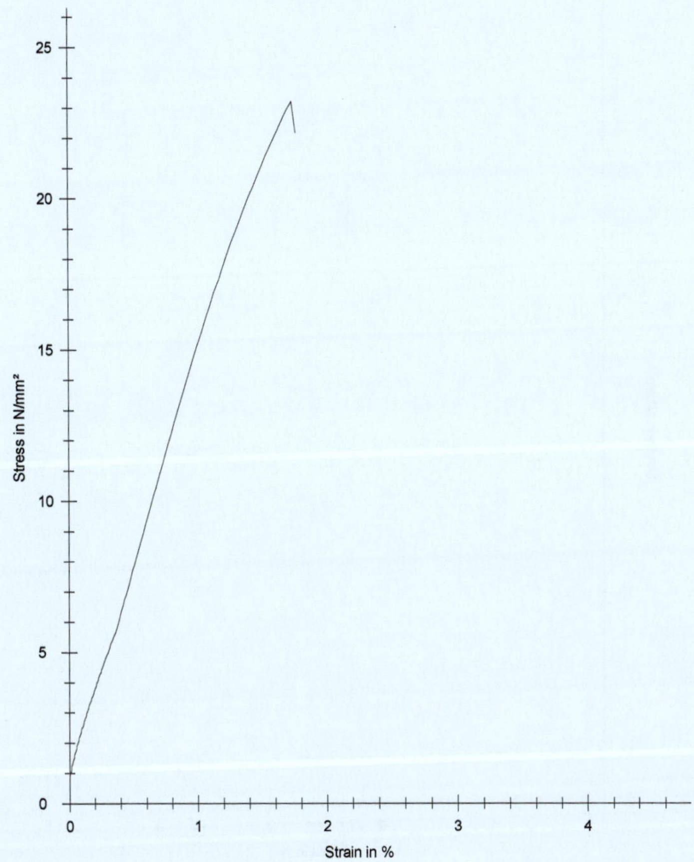

	a_0	b_0	S_0	E	$\sigma_ç$	σ_k	ε
Nr	mm	mm	mm²	MPa	MPa	MPa	%
2	1	10	10	1339,2	23,2	22,17	1,77

EK I - Şekil 30

Numune: PB3 / 3

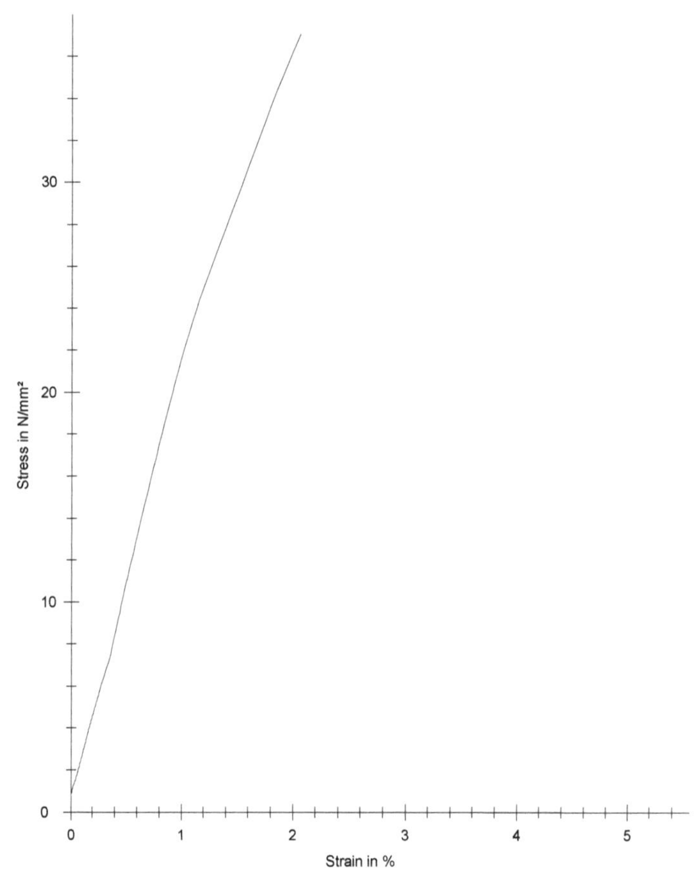

	a_0	b_0	S_0	E	$\sigma_ç$	σ_k	ε
Nr	mm	mm	mm²	MPa	MPa	MPa	%
3	1	10	10	1918,78	37,08	37,08	2,06

EK I - Şekil 31

Numune: PC1 / 1

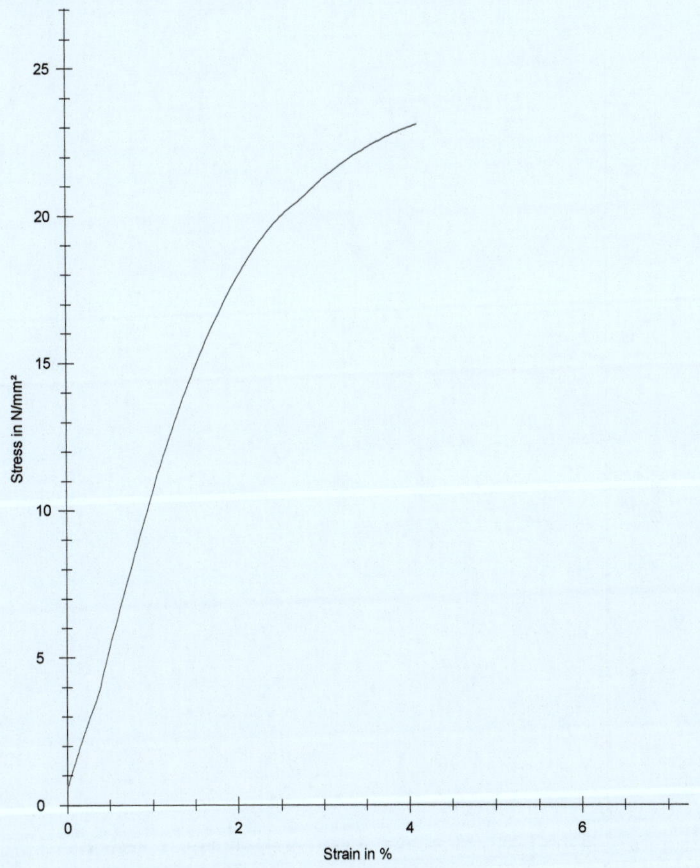

	a_0	b_0	S_0	E	$\sigma_ç$	σ_k	ε
Nr	mm	mm	mm²	MPa	MPa	MPa	%
1	1	10	10	896,26	23,11	23,11	4,09

EK I - Şekil 32

Numune: PC1 / 2

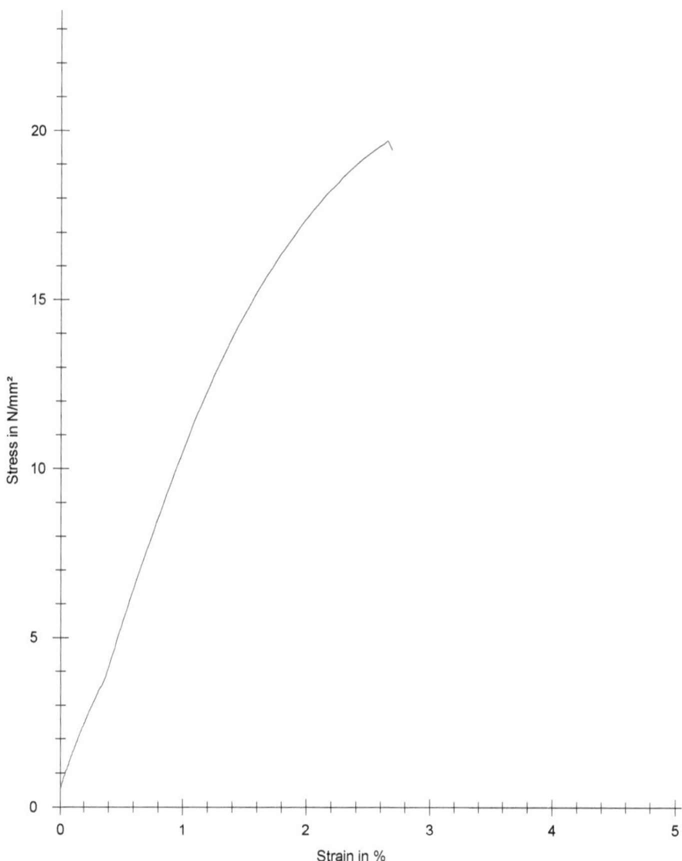

	a_0	b_0	S_0	E	$\sigma_ç$	σ_k	ε
Nr	mm	mm	mm²	MPa	MPa	MPa	%
2	1	10	10	909,38	19,7	19,42	2,68

EK I - Şekil 33

Numune: PC1 / 3

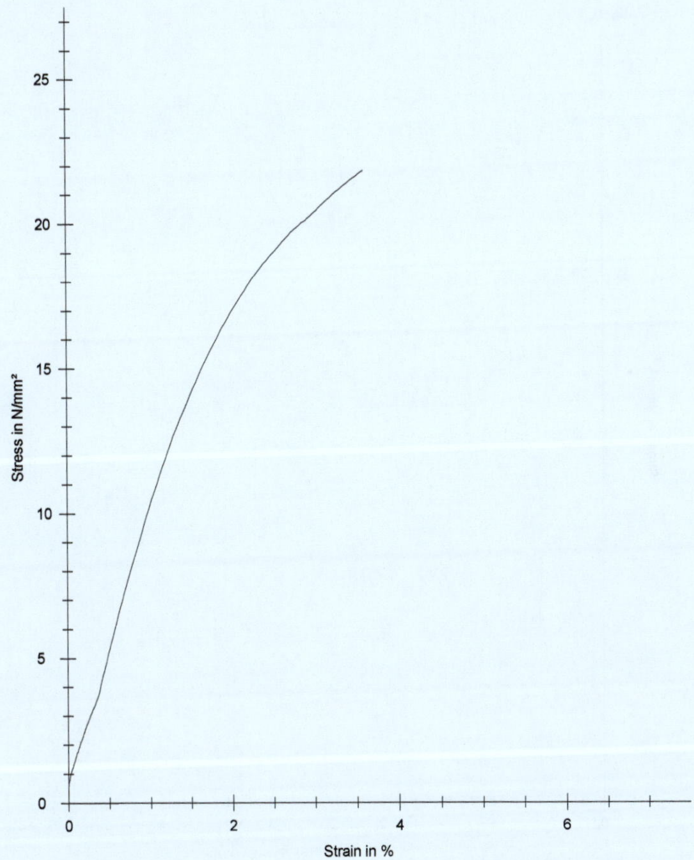

	a_0	b_0	S_0	E	$\sigma_ç$	σ_k	ε
Nr	mm	mm	mm²	MPa	MPa	MPa	%
3	1	10	10	832,3	21,83	21,83	3,59

EK I - Şekil 34

Numune: PC2

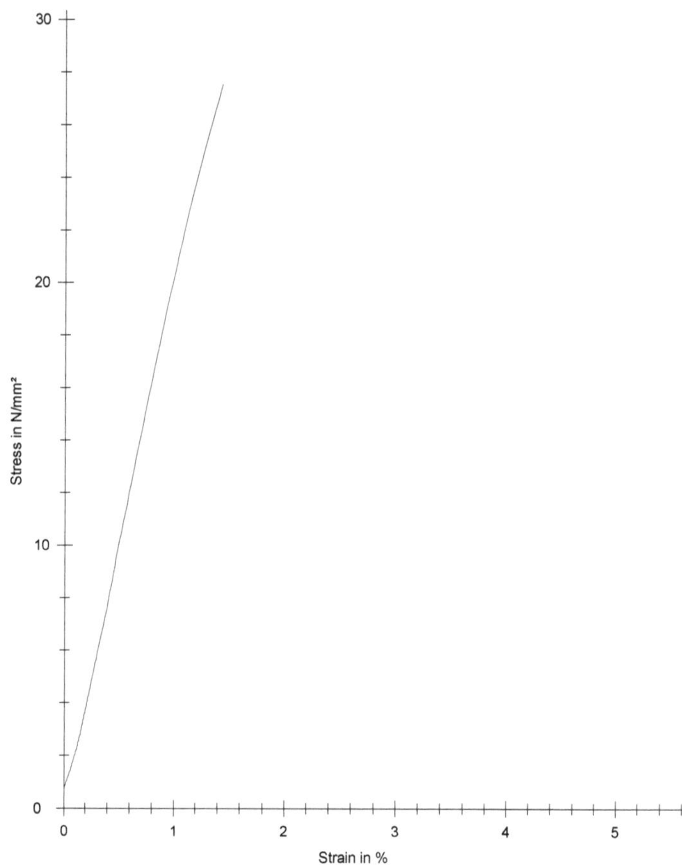

	a_0	b_0	S_0	E	$\sigma_ç$	σ_k	ε
Nr	mm	mm	mm²	MPa	MPa	MPa	%
1	1	10	10	1704,4	27,56	27,56	1,43

EK I - Şekil 35

Numune: PC3

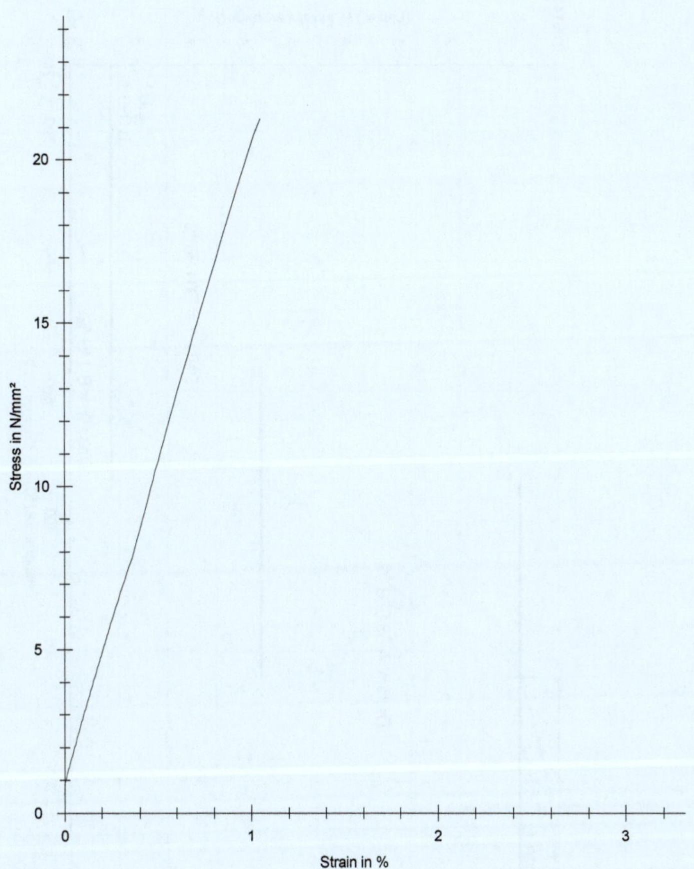

	a_0	b_0	S_0	E	$\sigma_ç$	σ_k	ε
Nr	mm	mm	mm²	MPa	MPa	MPa	%
1	1	10	10	1970,74	21,24	21,24	1,05

EK II - Şekil 1

Numune: B1

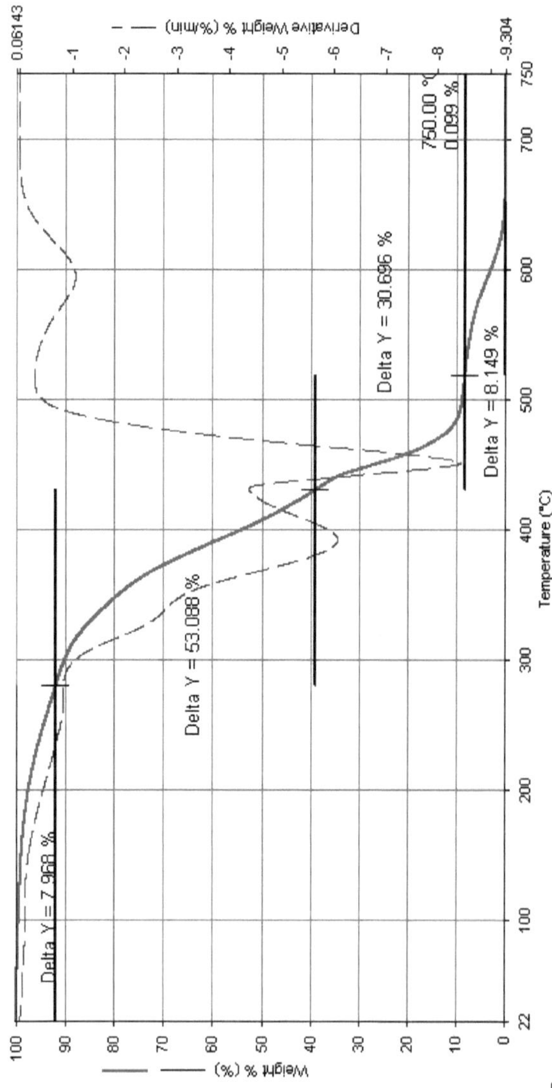

EK II - Şekil 2

Numune: B2

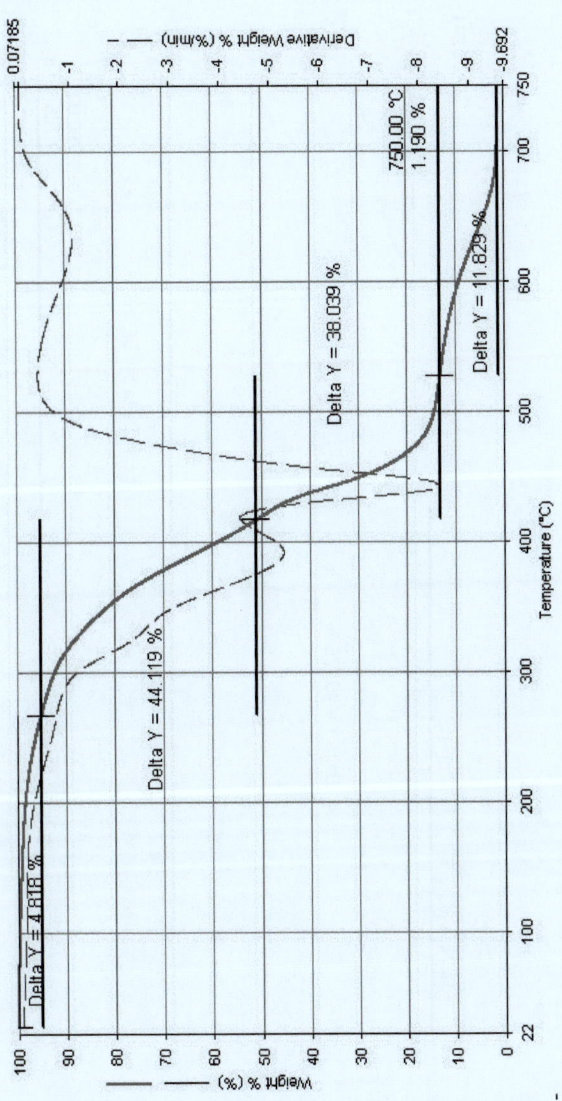

EK II - Şekil 3

Numune: B3

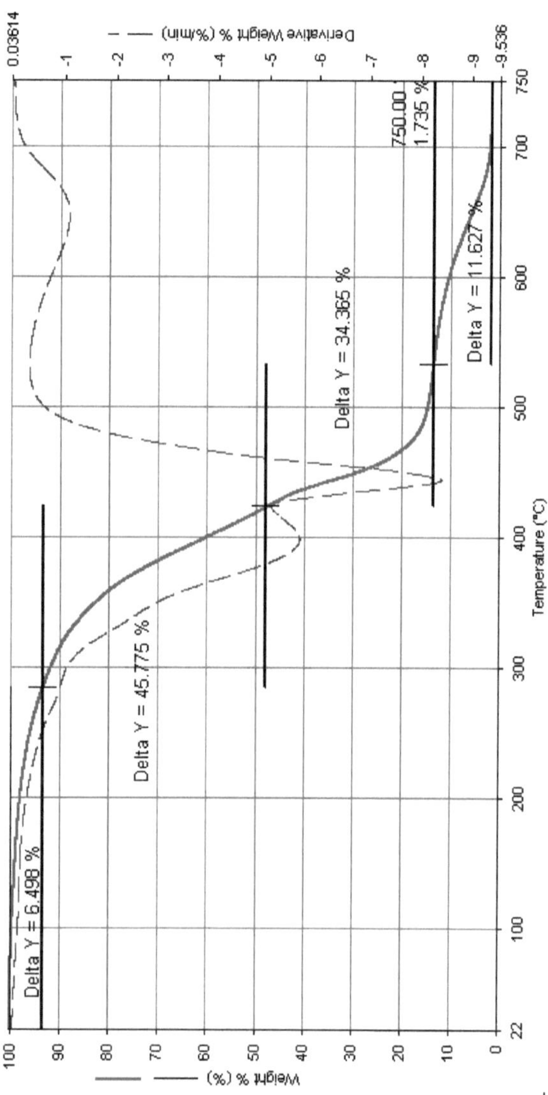

EK II - Şekil 4

Numune: PA2

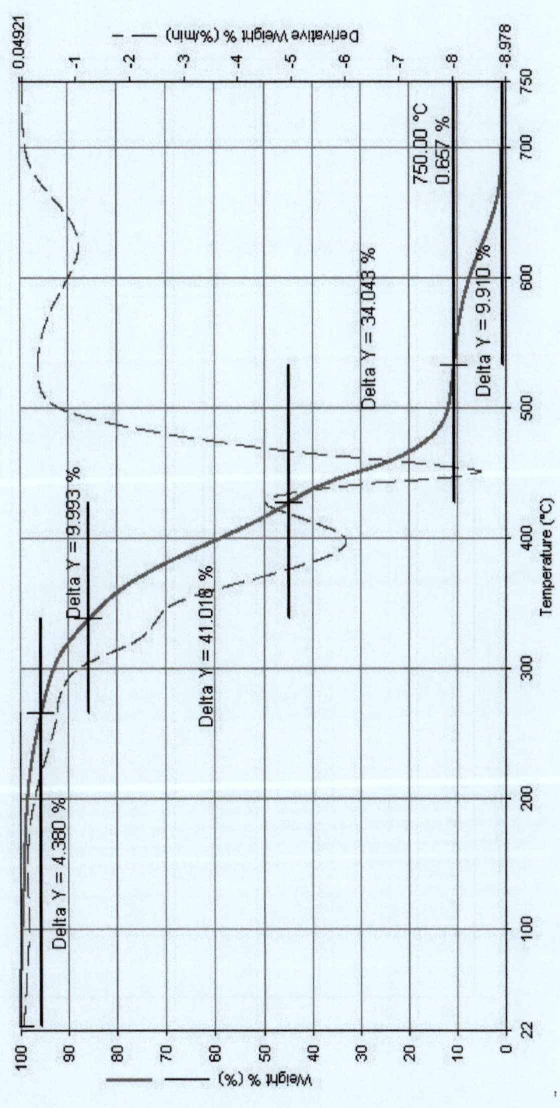

EK II - Şekil 5

Numune: PA3

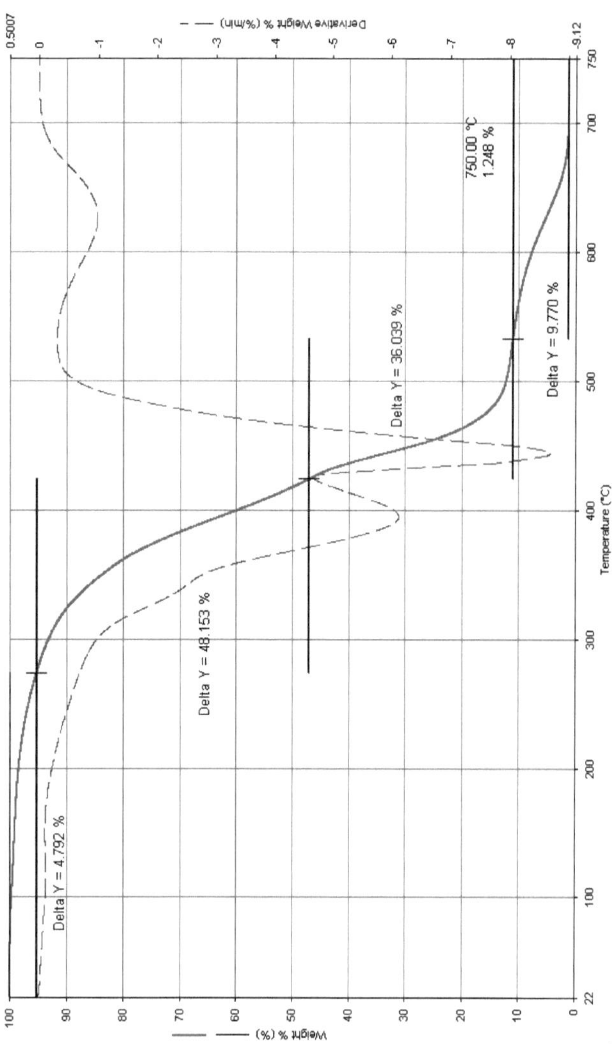

EK II - Şekil 6

Numune: PB2

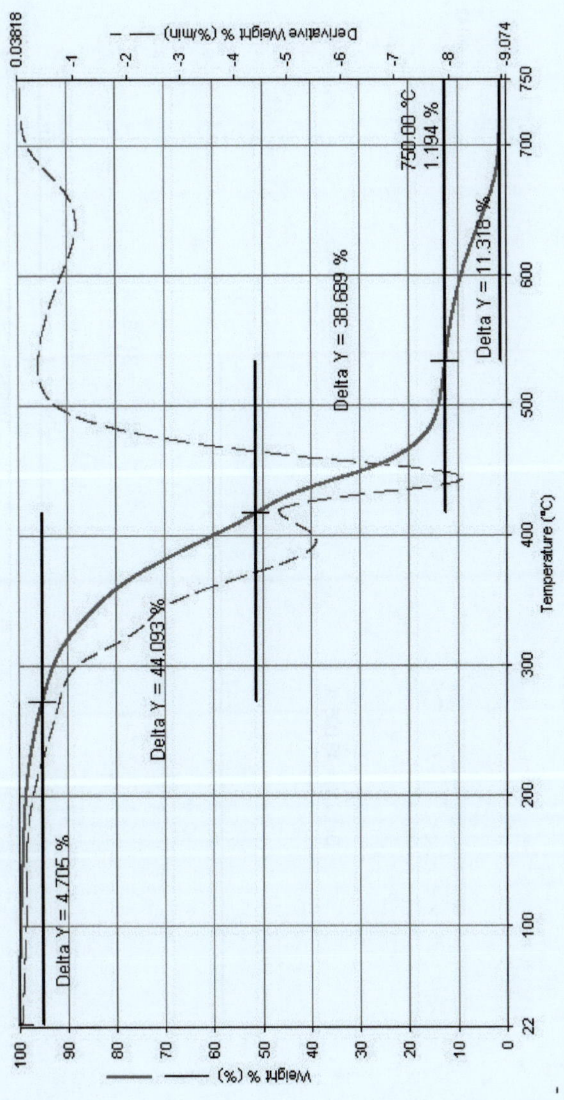

EK II - Şekil 7

Numune: PB3

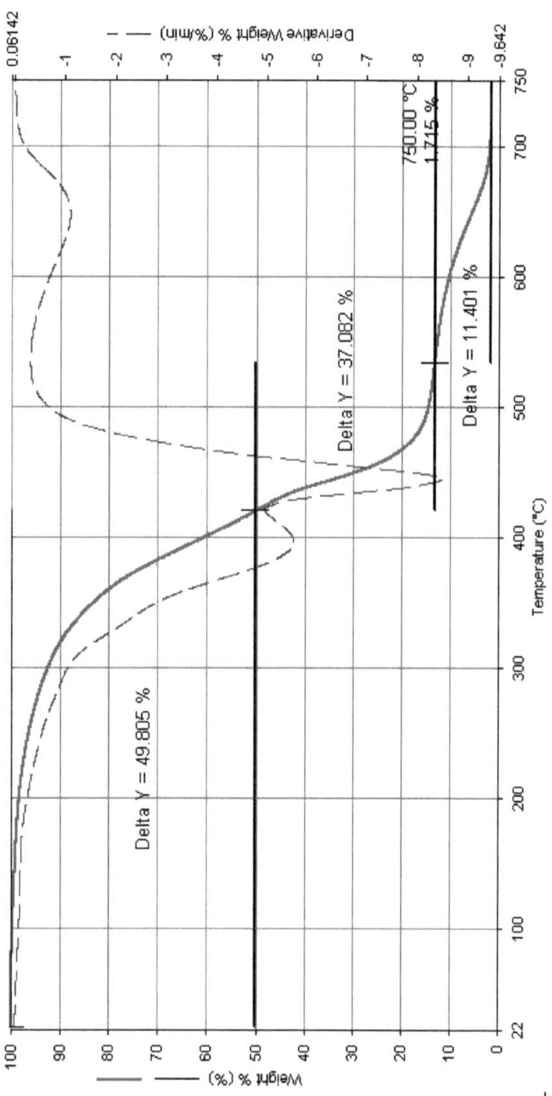

EK II - Şekil 8

Numune: PC2

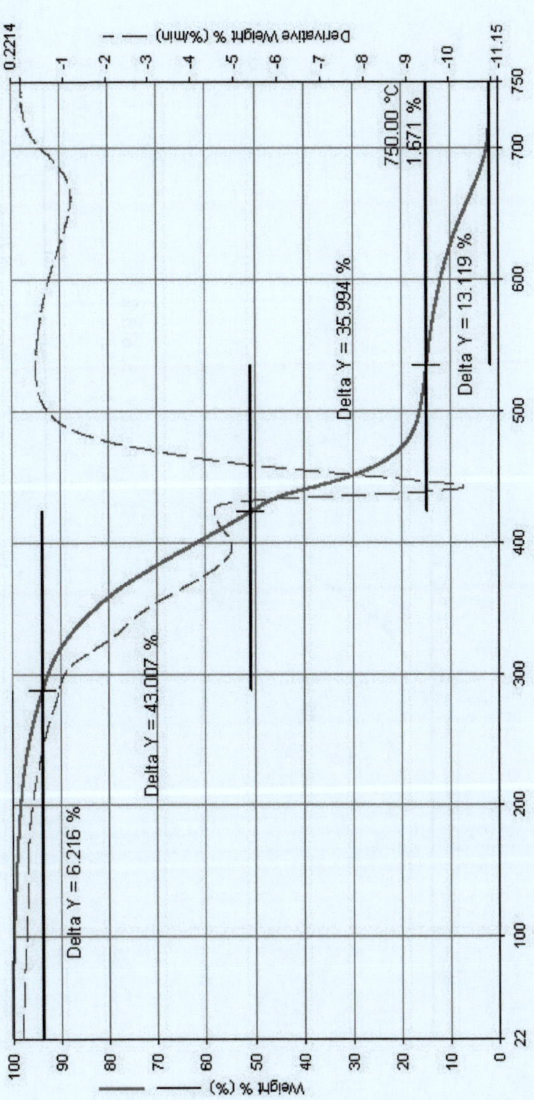

EK II - Şekil 9

Numune: PC3

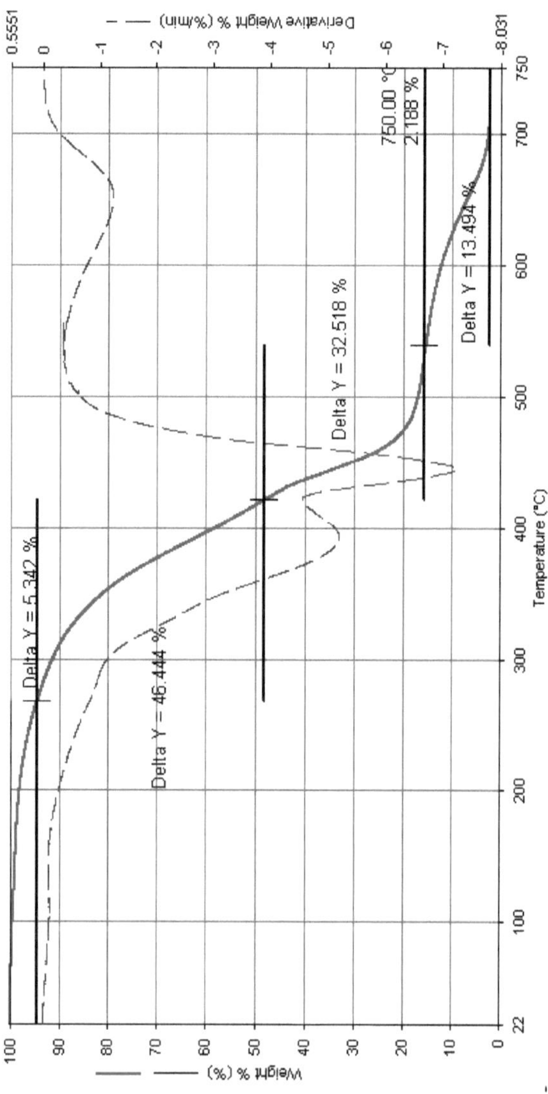

EK III - Şekil 1

PA2 X 2500

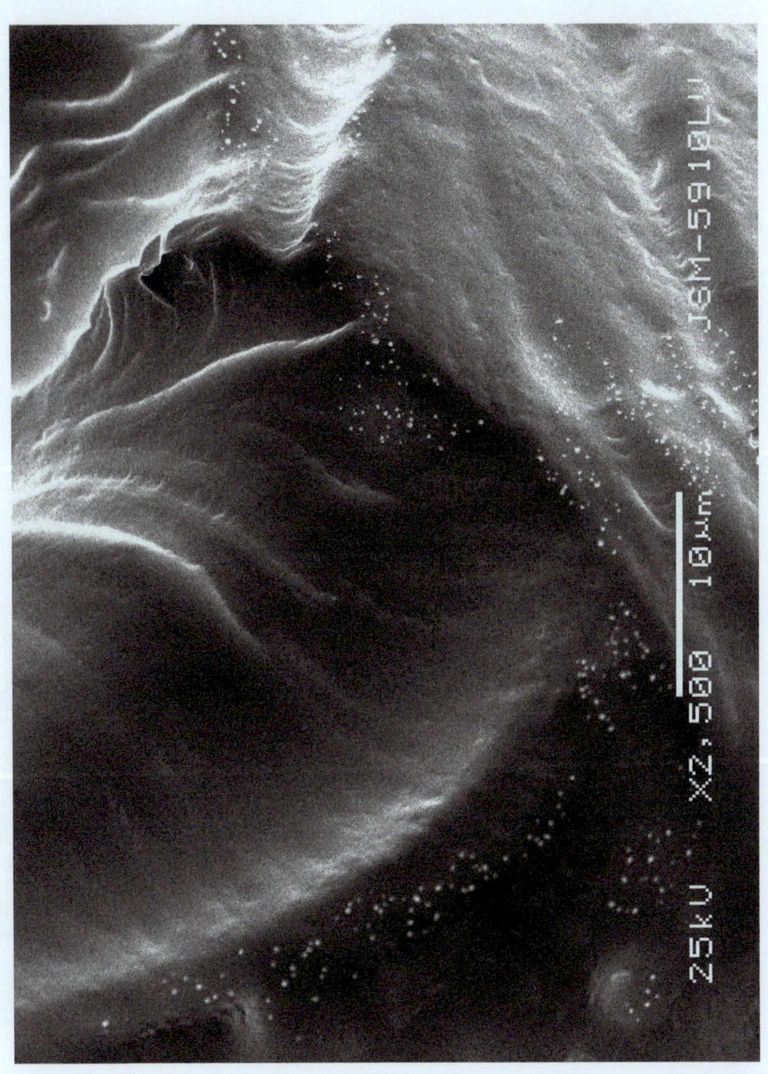

EK III - Şekil 2

PA2 X 4000

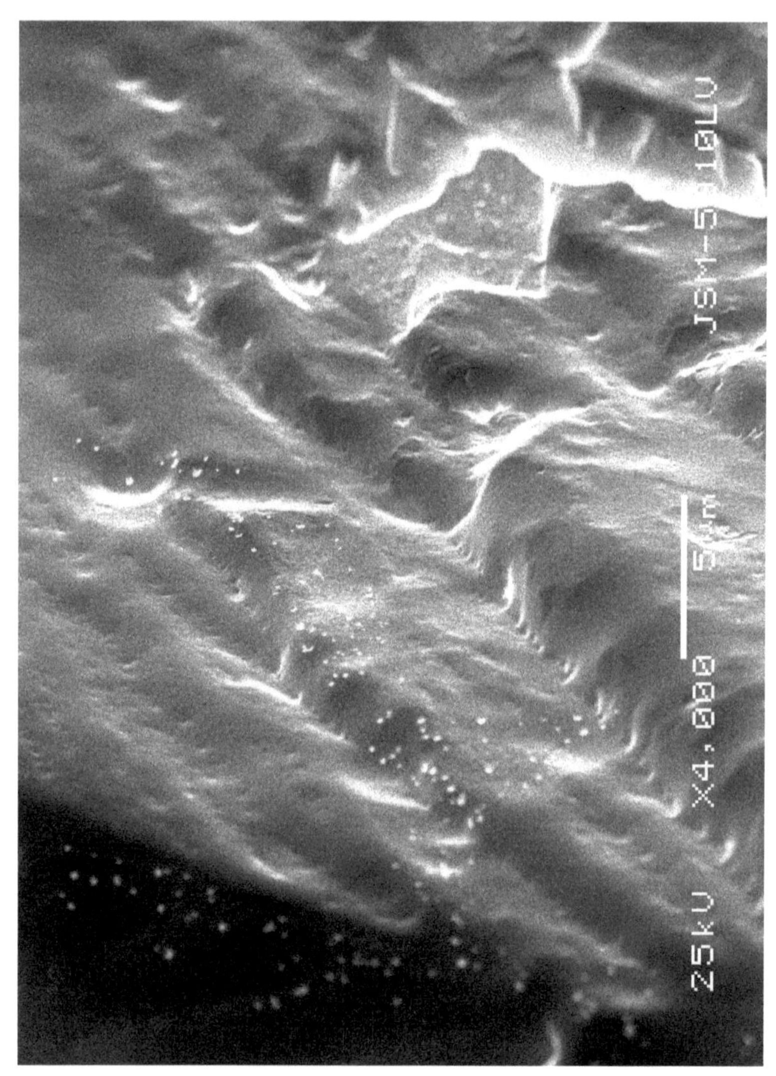

EK III - Şekil 3

PA2 X 20000

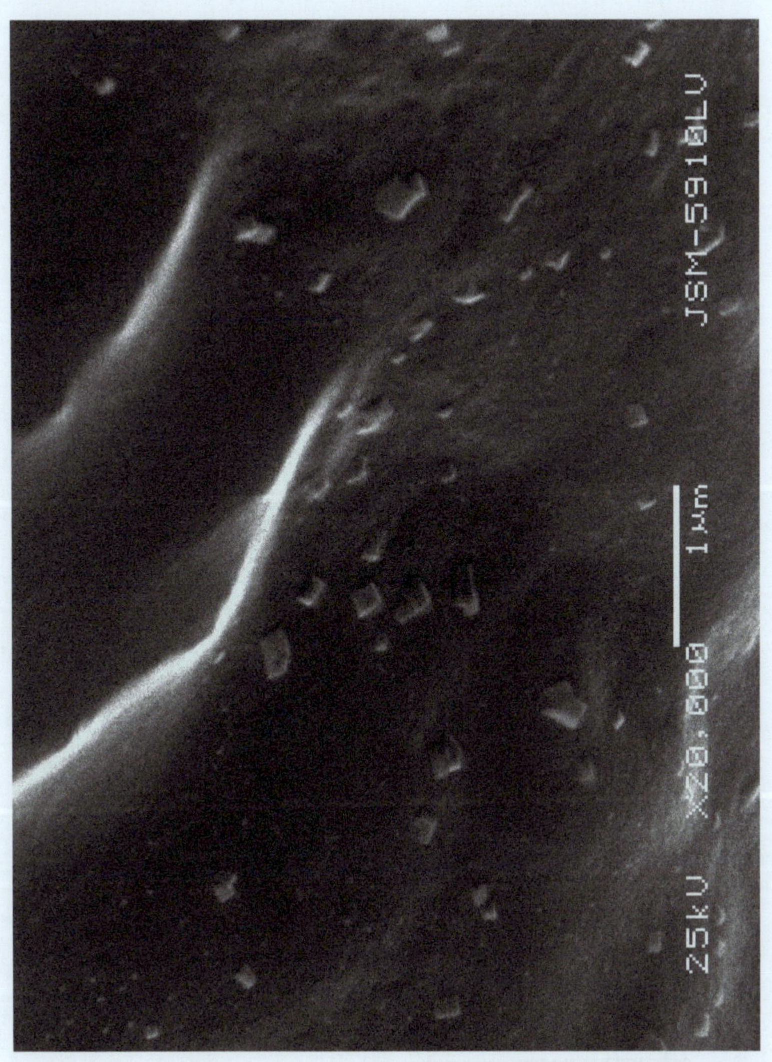

EK III - Şekil 4

PA3 X 250

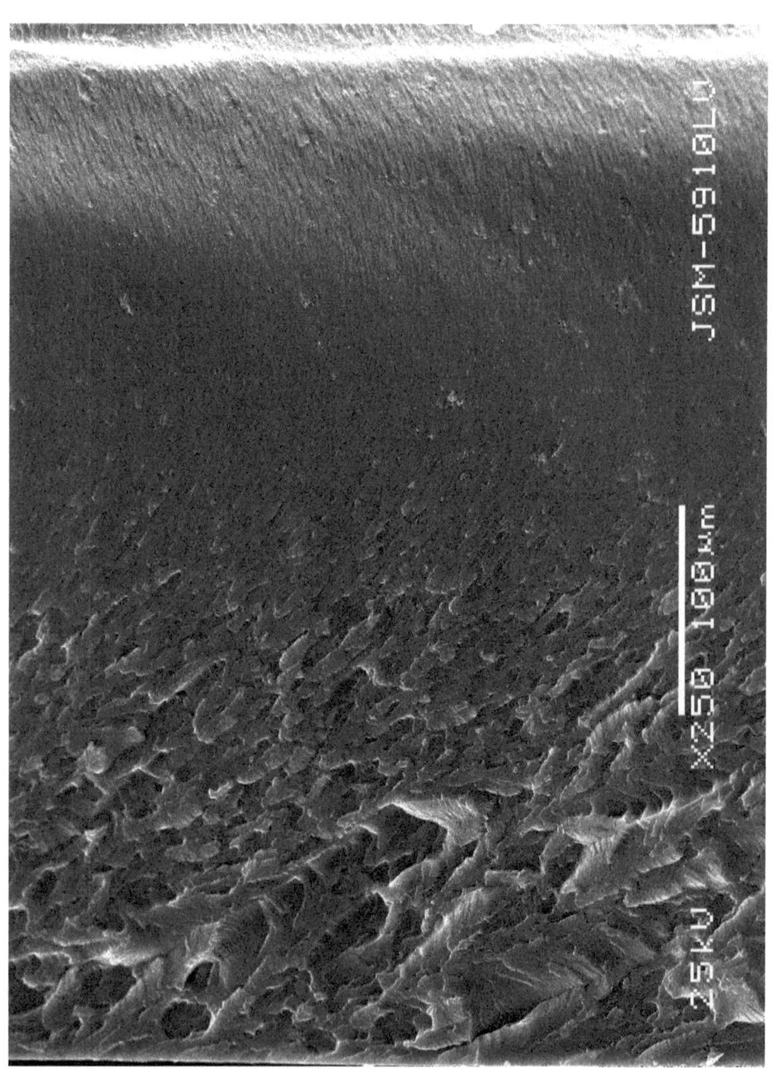

EK III - Şekil 5

PA3 X 1000

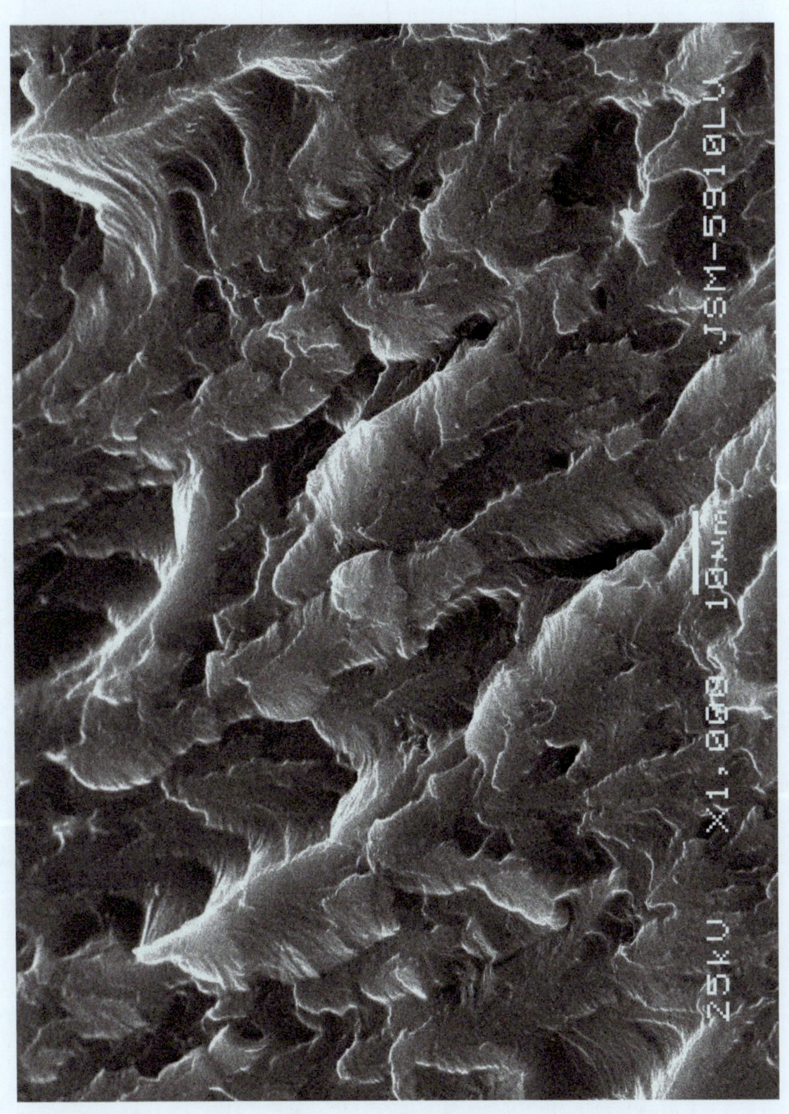

EK III - Şekil 6

PA3 X 2500

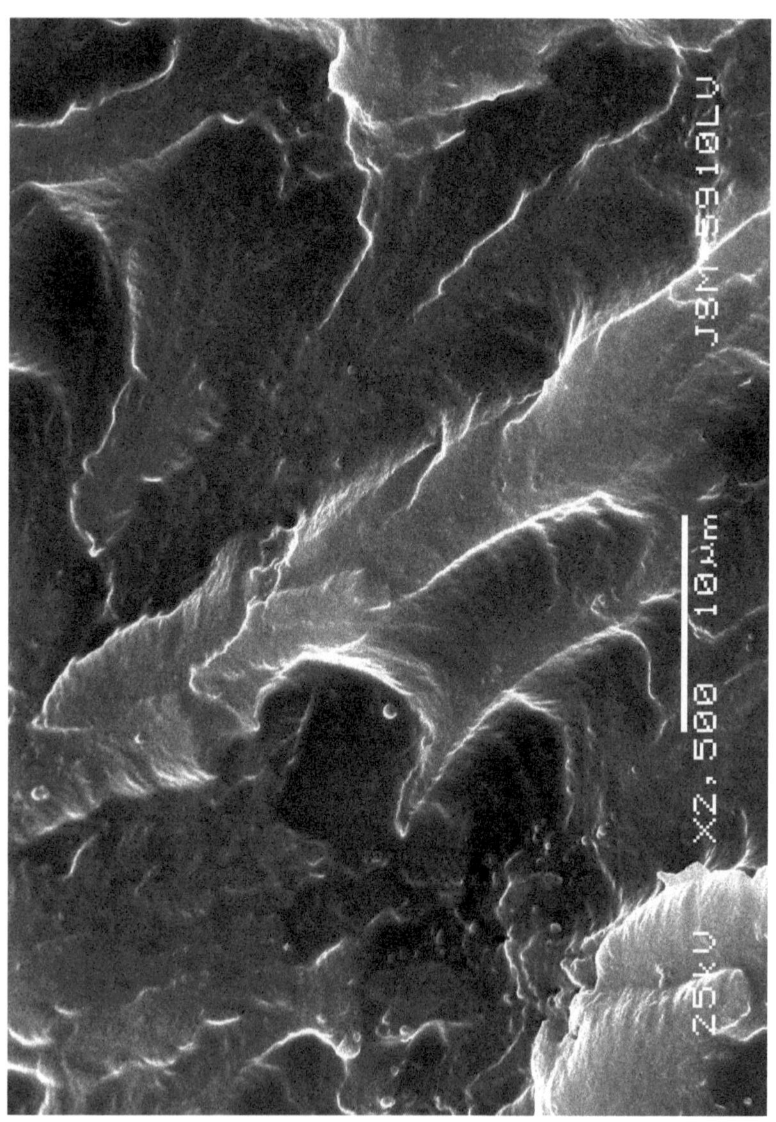

EK III - Şekil 7

PA3 X 5000

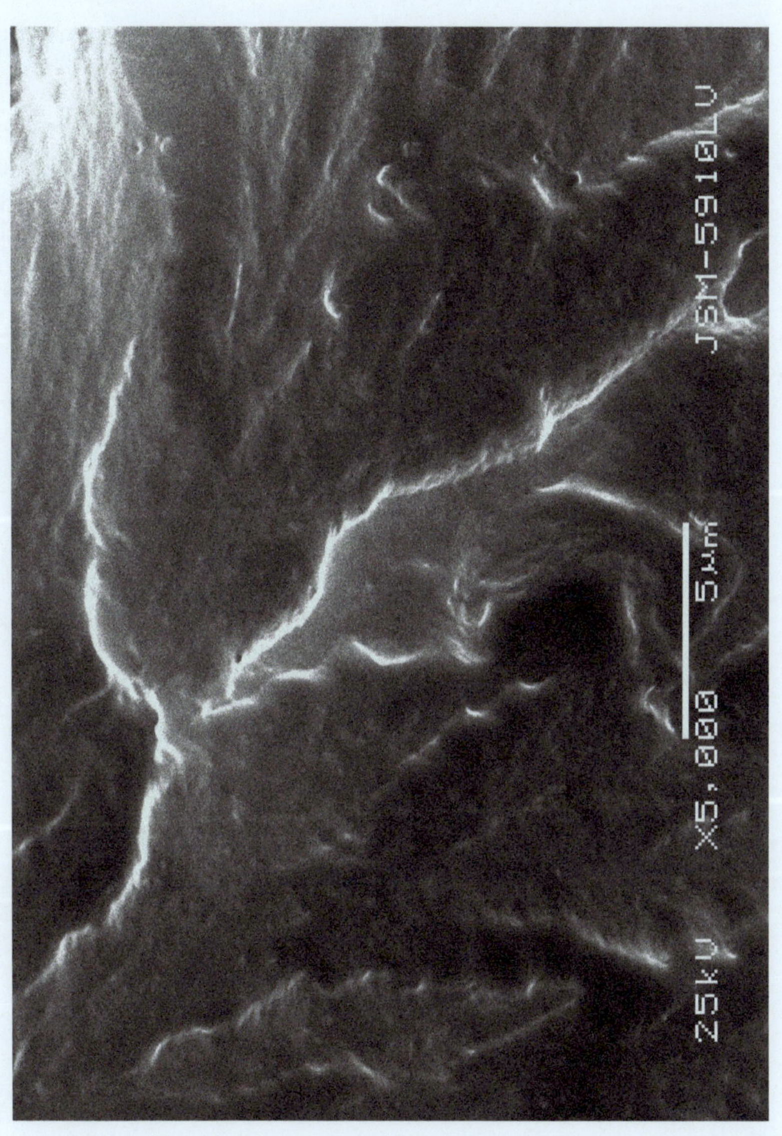

EK III - Şekil 8

PA3 X 8000

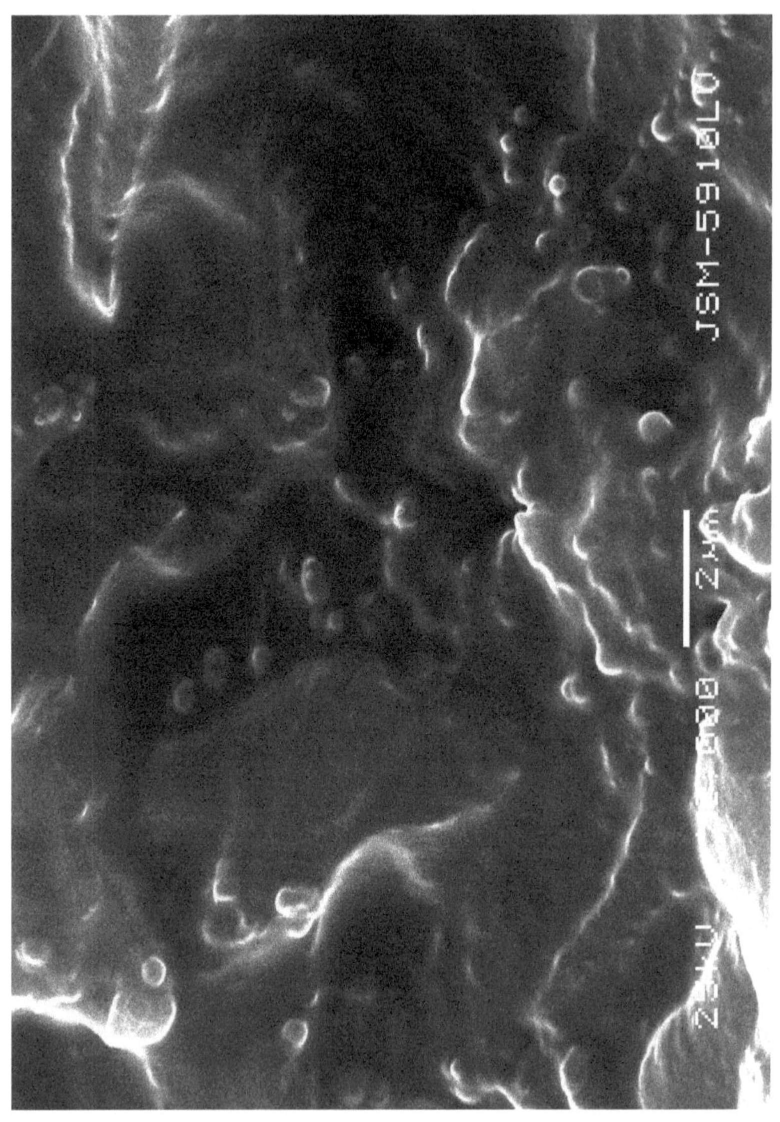

Printed by Books on Demand GmbH, Norderstedt / Germany